わかりやすい防衛テクノロジー

無人兵器

井上孝司 著
Koji Inoue

イカロス出版

USAF

USAF

USAF

MULTIPLE SCATTERED SMALL FIRES
OBSERVED THROUGHOUT AREA

UNCLASSIFIED

UNCLASSIFIED

天空の目、天空の剣

「高所の奪い合い」は、昔からある戦場のお約束。航空機の登場により、人は「神の眼の視点」を手に入れることになったが、その運用は経費・人員・インフラといった面で相応にハードルが高い。ところが、小型軽量で安価な無人航空機の登場により、「神の眼の視点」が一気に手軽になった。しかも人が乗っていないから、撃ち落とされても人命の損耗につながらない。さらに、それを武装化することで、「発見、即、攻撃」を可能とする手段まで手に入ることとなった。

用途を広げる
空の無人兵器

　無人機は当初、滞空時間の長さ、それと人命の損耗がない利点が買われて情報収集・監視・偵察（ISR）に用いられた。ところが、実際に使ってみて利点が分かると、版図の拡大につながった。

　特に近年になって増大しているのが、無人機を武装化する事例。そして、戦闘機と組んで危険な任務を引き受ける無人戦闘用機の実現も、視野に入りつつある。このほか、通信衛星よりも安価に取得・運用できる通信中継手段として用いる事例も出てきた。人手をかけずに長く滞空できるという無人機の利点は、こういう場面で効く。

USMC

Airbus

USAF

Boeing

空の無人兵器を支える技術

　兵器となるプラットフォームが無人化された場合、別の何かが乗員の代わりを務めなければならない。すると当然ながら、コンピュータが不可欠となる。また、遠隔操縦を行う際には信頼できる無線通信も不可欠となる。つまり、無人兵器の発展は、情報通信技術の発展と表裏一体の関係にある、といえる。

　ただし武器を用いて交戦する場面では、コンピュータに勝手に戦争を始めさせるわけにはいかないので、意思決定の過程に人間が介入する仕組みは必須のものとなる。コンピュータに責任をとらせることはできない。

空の無人兵器に対抗する技術

「矛と盾」の故事にあるように、何か新兵器が登場すれば、必ず対抗手段が開発される。無人兵器も例外ではない。対象を物理的に破壊する、あるいは機能を妨害するといった形の対抗手段がいろいろ開発されている。

　どんな武器でも、永遠に無敵ではいられない。

US Army

US ANG

陸や海の無人兵器

　無人化の潮流は空だけに留まらない。陸・海でもさまざまな分野で、無人化したヴィークルを導入する、あるいは導入を模索する動きがある。

　人命の損耗を避けられる利点は空と共通しており、その典型例が爆発物の処理。特に海軍分野では、機雷掃討のような危険な任務を引き受けさせる事例に加えて、武装化して、有人艦艇の数的劣勢を無人艦艇で補おうとする考え方も出てきている。

　また、国境警備のために無人車両を走らせたり、港湾警備・洋上警戒のために無人艇を使ったりする事例もある。

はじめに

　2022年2月にロシアがウクライナに侵攻してからしばらくの間、ウクライナ軍が配備していたトルコ製の無人機が活躍したとの話が喧伝された（1年以上が経過した現在では、下火になってしまった感があるが）。そのことと、もともと「ドローン」が何かと世間の耳目を集めていたせいもあってか、「有人戦闘機なんて時代遅れ、ドローンを買うべきだ」なんてことをいう人がいる。

　しかし、空撮用電動式マルチコプターのせいで「ドローン」という言葉が人口に膾炙するようになったものの、それは「無人の飛びもの」のうち、ごくごく一部でしかない。小さなものから大きなものまで、実に多種多様なのが軍用無人機（UAV）の世界である。そして、無人機には無人機なりの長所も短所も難しさもある。それを理解しないで、「ドローン至上主義者」みたいになるのは、あまり格好のいい話ではない。

　そもそも軍事分野において、（誘導弾は別として）無人の飛びものの歴史は意外なほど長い。昔はいろいろと能力的な制約があったが、情報通信技術や航空関連技術の進化によって、その制約は緩和され、用途を拡げてきた。そこで本書では、軍用無人機の現状、強みと弱み、実現のための要素技術などについてまとめている。

　空だけでなく陸・海でも、さまざまな無人のヴィークルが使われるようになった。中には構想倒れに終わったものもあるが、トライをしてみる過程で、無人ヴィークルに向いた分野、向かない分野が分かってくるものである。そこで最後に1章を割いて、陸・海の無人ヴィークルについてもまとめてみた。

2023年9月　井上孝司

目次 INDEX

第4部 UAVを取り巻くさまざまな課題

第5部 陸上・海上の無人ヴィークル

US ANG

第1部
無人ヴィークルと無人機

操縦を担当する人が乗っていない各種の乗り物（ヴィークル）のことを総称して
「無人ヴィークル」というが、その筆頭はやはり無人機（無人航空機）であろう。
ところがしばらく前から、この分野でさまざまな用語が人口に膾炙するようになり、
それに伴って用語の混乱が生じているようにも見受けられる。
まずは用語の整理と、無人機を実現するために何が必要なのか、という話をまとめておきたい。

※1：突入・自爆する機体

Mistelと綴って、「ミステル」と読む。本来はヤドリギという意味。土台となる無人の爆撃機にはユンカースJu88を使ったが、不要な操縦席を取り外して、機首には接着剤のチューブ先みたいな形で炸薬を取り付けた。その機体の上に、ヤグラで支える形でBf109あるいはFw190といった戦闘機を取り付けて、操縦装置をつなぐ。戦闘機に乗り込んだパイロットが操縦操作を行うと、戦闘機と爆撃機の両方について、エンジンや操縦翼面を動く仕組み。

※2：ドローン

そもそも drone という英単語は、雄のミツバチという意味。小さな標的機が空中をブンブン飛び回るから、ミツバチみたいだということでドローンと呼ばれるようになったのだろうか。

ドローン？ 無人機？

　無人機とは、無人の飛びものである。ただし、ミサイル（誘導弾）や非誘導のロケット弾、衛星打ち上げ用ロケットの類は含まない。あくまで、「有人の航空機と似たような形・飛び方をしていながら、無人で飛ぶもの」が対象となる。ただしミサイルとの境界には曖昧な部分があるのだが、その話は追って詳しく取り上げたい。

┃80年前から存在する無人の飛行機

　防衛分野では、無人機の利用に関する歴史は意外と長い。たとえば第二次世界大戦中にドイツ軍は、有人の爆撃機を改造して、自動操縦装置を使って無人で目標に向けて突入・自爆する機体※1をこしらえた。といっても1940年代の話だから、爆撃機の上に有人戦闘機を固定して、目標の近くまでは、その戦闘機のパイロットが操縦するというやり方だった。ターゲットを視認したところで爆撃機を切り離して、「後はよしなに突っ込んでくれ」というわけだ。それなら、指示された針路を維持する仕掛けがあれば用は足りる。

軍事の分野で「ドローン」といえば、長らく「無人標的機」のことだった。写真は米空軍のBQM-167標的機

　第二次世界大戦の後、無人機が多用されるようになったのが、標的機の分野だった。標的機は撃たれるのが仕事だから、そこにパイロットが乗っていたのでは危なくて仕方がない。無人であれば、撃たれて墜落しても死傷者は出ない。実は、近年になって広く知られるようになった「ドローン drone※2」が、もともと軍事の分野では「無人標的機」を指す言葉であった点は強調しておきたい。だから英語圏で

は target drone という言葉が頻出する。

電動式マルチコプターの出現による呼称の混乱

　民間分野で、この手の「無人の飛びもの」の存在が広く認知される
ようになったきっかけは、電動式マルチコプターの登場であろうか。
　普通、ヘリコプターは揚力[※3]と推進力を生み出すためのローター
（回転翼）を1基ないしは2基、備えている。そして、ローターの羽根の
角度を変えるなどして、機体を操縦している。回転するローター・ヘッ
ドに付いている羽根の角度を変えるのだから、その構造はかなり複
雑だ。
　ところが電動式マルチコプターはその名の通り、モーターと直結し
た簡素なローターを4〜6基ぐらい備えている。そして、ローターの回
転を個別に加減することで操縦操作を行っている。羽根の角度は固
定式だから構造はシンプルで、安価になる。

Koji Inoue

空撮用電動式マルチ
コプターの一例。これ
は6ローターのようだ
が、4ローターのものが
ポピュラー

　そして、その電動式マルチコプターが安価に市販されるようになり、
それを活用して空撮などを行う事例が増加した。それが「ドローン」と
呼ばれるようになったことで、あたかも「無人の飛びもの＝電動式マ
ルチコプター＝ドローン」という公式ができたかのごとき状況が現出
したわけだ。しまいには、無人ヴィークルが何でもかんでも「ドローン」
と呼ばれる副作用まで発生した。

陸海空に存在する無人ヴィークルと、その呼称

　さて、無人の航空機を英語でUnmanned Aerial Vehicle、略して

※3：揚力
空気や水などといった流体の
中に置いた物に生まれる力の
うち、流れに対して直角には
たらく力。比重の差によって
生まれる「浮力」とは異なる。

UAVという。直訳すれば「人が乗っていない飛びもの」だ。Aerial ということは、それ以外の分野にも無人ヴィークルがあるということで、それぞれ以下のような言葉がある。

● 無人の車両：UGV（Unmanned Ground Vehicle）
● 無人の船：USV（Unmanned Surface Vehicle）
● 無人の潜水艇：UUV（Unmanned Underwater Vehicle）

　USVのSurfaceとは、地球の表面のうち「海面」を意味する。同じ地球の表面でも、地べたはGroundとして区別する。

操縦のやり方による呼称の違い

　以上は「どこで使うヴィークルか」という観点による分類だが、もうひとつ、操縦のやり方による分類がある。

　まず、無人ヴィークルを動かす際に、ヴィークルに載せられたコンピュータが自ら操縦操作を行うものがある。これは外部からの指令がなくても勝手にやってくれるわけだから、自律的（autonomous）である。それに対して、外部からの指令で遠隔操縦されるものもある（要するにラジコン）。

　そうした事情があるので、飛びものの分野では、遠隔操縦によって飛行するものを特に区別してRPV（Remotely Piloted Vehicle）あるいはRPA（Remotely Piloted Aircraft）と呼ぶことがある。

　自律制御の技術が発達していなかったときは、UAVすなわちRPV/RPAといえた。ところが、自律制御が可能な機体が増えてきたため、「遠隔操縦されるRPV/RPA」「遠隔操縦だけでなく、自律的に飛ぶこともできるUAV」という認識になってきたようだ。

MQ-9リーパーを遠隔操縦するパイロット。目の前のディスプレイに、機上のカメラから送られてきた映像や飛行諸元が表示されている

海中でも、母船とケーブルで繋いで遠隔操作によって動く無人ヴィークルが使われているが、こちらはROV（Remotely Operated Vehicle）と呼ぶ。ポピュラーな用途としては、海洋観測や機雷の捜索・処分がある。ROVの歴史はけっこう長く、そこに後から自律行動が可能なものが出てきたため、後者をAUV（Autonomous Underwater Vehicle）と呼んで区別する。

Koji Inoue

海上自衛隊で使用しているS-7機雷処分具。掃海艇からケーブルを通じて遠隔操縦するため、これはROVの一種といえる

　陸上・海面上で使用するものについては、この手の「遠隔操縦であることを区別する」名称はないようだ。

UAVの形態いろいろ

　前述のような事情により、世間一般では「無人機=ドローン=電動式マルチコプター」という認識が定着してしまった感がある。しかし、ことに軍用UAVの分野では事情が異なり、さまざまな形態、さまざまな規模の機体が使われている。飛ぶために拠って立つ基本原則は有人機と変わらないので、有人機と似た構成を持つ機体が少なくない。しかし、UAVでなければ見られない形態の機体もある。

固定翼機

　まず固定翼機。よほど大型で高級な機体でもなければジェット・エンジンは使わないので、プロペラで推進力を得る機体が多いのはUAVの特徴といえる。
　そのプロペラを機首に備えて機体を引っ張る「トラクター式」だけ

※4：ブーム
基部から長く突き出した棒状の部材のこと。ショベルカーの腕や、船のマストから横に伸びる棒など。

※5：アスペクト比
四角形における縦横比のこと。航空機の場合は、主に主翼のアスペクト比を指し、翼幅の二乗を翼の平面積で割った値。細長い翼ほど数値が大きい。

※6：V尾翼
垂直尾翼と水平尾翼を別々に設ける代わりに、斜めの尾翼を左右に設けることで、垂直尾翼と水平尾翼の機能を兼ねさせるようにしたもの。部材が減って軽量になるが、制御はいくらか複雑になる。

※7：ガソリン・エンジン
身近なところでは乗用車のエンジンがある。ガソリンを気化させて空気と混合した状態にして、それをシリンダに送り込み、圧縮・着火させる。そこで発生する爆発力でピストンを押し下げて回転力を生み出す。

でなく、プロペラを尾部に備えて機体を押す「プッシャー式」の機体が案外とあるのは面白い。また、プッシャー式にすると尾翼とプロペラの位置関係が問題になる。そこで、プロペラよりも後方に尾翼を配置しようとして、左右から後方にブーム※4を延ばした先に尾翼を配置する（いわゆるツインブーム）機体がいくつもある。

また、速度性能よりも航続性能が重視される傾向もある。そのため、細長い（アスペクト比※5が大きい）直線翼を備えた機体が目立つ。尾翼の方は、垂直尾翼と水平尾翼を別々に持つ代わりに、両者を兼ねられるV尾翼※6にした機体がけっこうある。制御は複雑になるが、部品点数や可動部は少なくできる。

では、実機の例をいくつか挙げながら、「こんな形態の機体がある」という感じで見ていこう。

●RQ-11レイヴン

小型で、手で投げて発進させる電動式UAV。機首に電動機とプロペラを組み込んでおり、その直後に主翼、尾端に尾翼を備える、一般的な「プロペラ機」の形態。

RQ-11レイヴンは手で投げて発進させる。回収のときは地面にドスンと降ろす

●MQ-1プレデター

プッシャー式の一例。尾部にガソリン・エンジン※7とプロペラがあり、その直前に下向きのV尾翼がある。これは、プロペラが地面に接触するのを防ぐ狙いがあるそうだ。むやみに細長い主翼は長い航続距離の秘訣。

MQ-1の特徴は、下向きV尾翼と細長い主翼。膨らんだ機首には衛星通信アンテナが収まっている

●MQ-9リーパー

　MQ-1をスケールアップするとともに、エンジンをターボプロップ※8に変更した機体。また、尾翼の形態が変わっている。とはいえ、基本レイアウトはそんなに違わない。メーカー名称は「プレデターB」。非武装の派生型が「ガーディアン」。

MQ-9リーパーはMQ-1プレデターをスケールアップした機体。だから基本レイアウトは共通だが、尾翼は上向きのV字

●RQ-7シャドー

　プッシャー式のプロペラとツインブームを組み合わせた機体の典型。尾翼をプロペラの後方に配置すると、尾翼がプロペラ後流※9の中に入るので、効きが良くなる効果を狙ったのか。

RQ-7シャドー。胴体と比べて、V尾翼を支えるブームが細く、華奢。発進の際にはカタパルトで射出して、車輪を用いて滑走路に降ろす

●スキャンイーグル

　もともとマグロ漁船の魚群探知用に開発された、という変わった機体。これもプッシャー式で、左右方向の操縦は翼端の小さな垂直尾翼を用いる。陸上自衛隊でも導入した。

スキャンイーグルは、短い胴体と細長い主翼、無尾翼形態が特徴。主翼を外して、コンテナに入れて持ち運べるようになっている

※8：ターボプロップ・エンジン
ジェット・エンジンと同様に、取り込んだ空気を回転式の羽根で圧縮、そこに燃料を噴射・燃焼させてエネルギーを生み出すエンジン。ただし、ジェットエンジンは燃焼ガスを噴射する際の反作用を推進力にするが、ターボプロップ・エンジンは燃焼ガスでパワー・タービンと呼ばれる羽根を回して回転力を取り出し、それでプロペラを回して推進力にする。

※9：プロペラ後流
プロペラを回転させることで後方に発生する空気の流れ。回転するプロペラが発生源なので、捻れた流れになる。

●RQ-4グローバルホーク

　ジェット推進の超高級UAV。基本的な配置は突飛なものではないが、後部胴体上面に突出したエンジン空気取入口と、その後方にあるV尾翼が外見上の特徴。前部〜中央部の胴体下面がセンサー機器の設置スペースで、モデルによって外見が違う。

USAF

RQ-4グローバルホーク。前部から中央部の胴体下面に各種センサー機器を搭載する。これは対地監視用のブロック40で、胴体下面に監視用レーダーが張り出している

回転翼機

　いわゆるヘリコプター。有人のヘリコプターは、大きく分けると「シングルローター＋テイルローター」「二重反転ローター」「タンデムローター」の3形態がある。ではUAVはどうかというと、動力源とローターという値の張るメカが2セット必要になるタンデムローターは使われていないようだ。

　既存の有人ヘリコプターをそのまま、あるいはベースにする形で無人化した事例がいくつもあるのが、この分野の特徴。また、滑走路がなくても運用できる利点を活かした、小型の偵察用UAVがいろいろある。

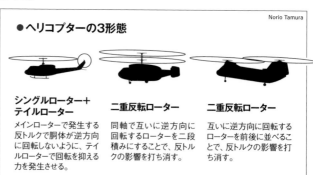

Norio Tamura

●ヘリコプターの3形態

シングルローター＋テイルローター
メインローターで発生する反トルクで胴体が逆方向に回転しないように、テイルローターで回転を抑える力を発生させる。

二重反転ローター
同軸で互いに逆方向に回転するローターを二段積みにすることで、反トルクの影響を打ち消す。

二重反転ローター
互いに逆方向に回転するローターを前後に並べることで、反トルクの影響を打ち消す。

●MQ-8Bファイアスカウト

　有人機をベースにした回転翼UAVの典型で、最初にできた
RQ-8Aはシュワイザー330、続いて登場したMQ-8Bはシュワイザー
333がベース。

MQ-8B。シュワイザー333を
ベースにしているが、キャビン
が不要になったため外見は
かなり変わっている

●MQ-8Cファイアスカウト

　MQ-8Bと基本的には同じシステムを、有人ヘリのベル407の機
体に組み合わせたモデル。外見はベル407とそっくりだが、人が乗っ
ていなければ窓は要らないという理由で窓が埋められて、「間違っ
て全体にペンキを塗ってしまったベル407」という風体になった。

MQ-8C。ベースとなった機
体は違うが、無人ヘリとして
のシステムはMQ-8Bと共通
性があるとされる

●スケルダーV-200

　シングルローターとテイルローターを組み合わせた、一般的な構成
の回転翼機。人が乗らないので、胴体内部はエンジンと燃料タンクと
センサー機器で埋まる。

スケルダーV-200。スキッド
で胴体を支えているから、胴
体下面に突き出た電子光
学センサーは地面にぶつから
ずに済む

※10：反トルク
ヘリコプターの場合、エンジンでローターを回転させると、それとは逆方向に機体を回そうとする動きが発生する。それが反トルク。固定翼のプロペラ機でも発生するが、これは前後方向の軸線を中心にして回転する動きになり、垂直尾翼の設計によって解決する。

●カムコプターS-100

小型回転翼UAVのベストセラー。スケルダーV-200と同様の一般的な形態の持ち主だが、降着装置には違いがある。

カムコプターS-100。スキッドではなく、前部胴体の左右と尾部に「脚」を付けた点と、涙滴型の胴体が外見上の特徴

●ブラック・ホーネット

手のひらに載るぐらい小さい、超小型の偵察用回転翼UAV。小さななりをしているが、ちゃんとテイルローターは備えている（これがないとメインローターの反トルク※10を打ち消せないから当然だが）。データシートによると、ローター径123mm、全長168mm、重量33g未満、最大速力6m/sec。電動式で、航続時間は最大25分間。

1ブラック・ホーネット。この写真だけ見るとサイズ感が分かりにくいが、ビックリするぐらい小さい。写真**2**はブラック・ホーネットの管制に使うタブレットPC

┃ マルチコプター

世間一般で空撮などに用いられている電動式マルチコプターは、軍用としても使われることがある。複数のローターがあれば、それぞれのローターの回転数を個別に制御することで機体の姿勢・移動方向・速度を自在に制御できる。

バリエーション(?)として、固定翼UAVの主翼にローターを追加して、固定翼機でありながら垂直離着陸ができるようにした機体もある。

その他

　有人機では見られない形態として、「ダクテッドファン型」がある。
要するに「プロペラを内蔵した筒」で、下向きに空気を吹き出すこと
で揚力とする。

●RQ-16 Tホーク

　胴体(?)はエンジンとファンで埋め尽くされているため、センサーを
独立したポッドにして側面に張り出させているのが、外見上の特徴。

US Army

RQ-16。4本の脚(?)
で機体を支える外見
が特徴的。専用の
バックパックに入れて
個人携行できる。離
着陸時にはかなり砂
塵が舞い上がるようだ

UAVの特徴となるメカニズム

　UAVといえども「飛行機」に違いはない。しかし、人間ではなく機
械が操縦を行うことと、有人機ではあまり用いられない形態の機体
が少なくないことから、UAVに特有のメカニズムもいろいろ存在して
いる。

電動の機体も多い

　有人機と同様に、プロペラ機ではガソリン・エンジンやターボプ
ロップ・エンジン、それとジェット・エンジンが使われている。

Koji Inoue

スキャンイーグルの尾
部。小さなガソリン・エ
ンジンが組み込まれて
いて、これがプロペラを
回す

　ただしUAVの特徴として、電動の機体が少なからず存在する点が挙げられる。常識的に考えれば、ガソリンを使用するよりも重量に対するエネルギーの比率が少なくて不利だが、充電するだけで使えるから可燃性の液体を持ち歩かなくても済むし、構造がシンプルになる。そして何よりも、偵察用として見た場合、騒音が小さいから存在を覚られにくい利点は大きい。

省略できるものは省略する

　飛ぶために拠って立つ基本原則は有人機だろうがUAVだろうが変わらないが、まったく同じ設計になるかというと、そうでもない。おカネと手間をかけるところと、かけないところのメリハリがはっきりしているのは、UAVの特徴。

　たとえば降着装置。ジェット・エンジンを使用する大型で高級な機体は話が違うが、小型で安価な偵察用のUAVは、できるだけ安く、シンプルにまとめたい。

　速度が低ければ、降着装置が出っぱなしになって空気抵抗が増える悪影響よりも、機体の構造をシンプルにまとめられる利点の方が大きい。だからRQ-7シャドーみたいな固定脚の機体が少なからずある。

　一方、MQ-1やMQ-9は引込脚にしているが、機体の重量に合わせた華奢なもので、しかも引っ込めても蓋をしないで露出させたままだ。空気抵抗を減らすことよりも、構造を簡素化して、軽く、安く済ませることの方が大事というわけだ。

1 MQ-1プレデターの首脚。機体が小型で軽量なので、それに合わせた簡素な造り **2** MQ-9派生型、ガーディアンの中央胴体。主脚は後方に跳ね上げて収容するが、収納室は胴体内を左右に貫通していて向こう側が見えるし、蓋なんてものは付いていない

　もっと小型で安価な機体になると、「カタパルトで射出して、回収の際にはパラシュートを展開させる」という形態もあり、これは有人機

には見られない種類のもの。こうすれば滑走路がなくても運用できるから、第一線の地上部隊が偵察に使うには具合がいい。

　変わっているのはスキャンイーグル。発進にはカタパルトを使うが、回収の際には独自の「スカイフック」システムを使う。これは、ブームを頭上に展開して2本のケーブルを縦に張り渡し、その間に機体を突っ込ませるもの。翼端にフックが付いているので、それがケーブルを捉えて行き脚を止める。

　このシステムの利点は、狭い場所でも機体を回収できること。実際、水上戦闘艦が備えるヘリ発着甲板ぐらいのスペースがあれば済む。

「スカイフック」システムによるスキャンイーグルの回収シーン。地上でも艦上でも運用可能

「機体」と「システム」

　後で陸上・海上・海中で使用する無人ヴィークルについても取り上げるが、本書の本題は空を飛ぶ無人ヴィークル、すなわちUAVである。この分野で頻出する用語を整理しておきたい。

┃UAVと呼ぶか? UASと呼ぶか?

　先にも述べたように、自律制御で飛行できる機能を備えた無人の飛びものをUAVと呼ぶ。ちなみに日本のお役所における用語は「無操縦者航空機」で、いささか物々しい感があるが、いいたいことは分かる。

　ところが、ことに防衛分野では、UAS（Unmanned Aircraft System）という言葉も頻出する。直訳すると「無人航空機システム」だ。UASとUAVは何が違うのか。

2018年5月、GA-ASIが壱岐空港においてガーディアンの試験をした際に持ち込んだGCS（右）と発電機。どちらもトレーラーになっていて、移動しやすい設計

Koji Inoue

これは、「UAVは機体単独」「UASは機体だけでなく、関連する機材を含めた一式」という解釈ができる。実のところUAVは、それ単独で用が足りるものではない。機体を遠隔操縦したり、機体が搭載しているセンサー、たとえばカメラの映像を受信したりする道具立ても必要になる。また、離着陸の方式によっては、そのために専用の機材を必要とすることもある。

そこで、UAVと、それとワンセットになって使われる「周辺機器」を合わせたシステム全体の総称としてUASという言葉が使われる。もっとも実際問題としては、「UASと書いているけれど、文脈からして機体そのもののことだよなあ?」と思える記述もある。

┃不可欠なのは地上管制ステーション

UAVを使用する際に不可欠となる周辺機器が、地上管制ステーション。英語ではGCS（Ground Control Station）という。高価・高級なUAVでは、それに合わせて専用のハードウェアを用意するが、安価なUAVでは市販品のノートパソコンに専用のソフトウェアをインストールして済ませている。

機体を操縦するという観点からすれば、GCSに求められる機能は「外付けコックピット」である。有人機のコックピットには、機体の飛行状態を知るための計器類や、操縦操作を行うためのデバイスが備え付けられている。そうした機能をまるごと外に出して、GCSという形にする。

だから、高級品のGCSは有人機のコックピットと大差ない見た目をしている。以下の写真は、ジェネラルアトミクス・エアロノーティカ

GA-ASI社が「国際航空宇宙展2016」で展示したGCS。上の画面には外部の風景、下の画面には機体がいる空域の地図を表示しているのがわかる。

ル・システムズ (GA-ASI) のUAVで使われているGCSを、展示会の会場に持ち込めるようにしたモデル。展示会でデモンストレーションするためのものだから、シミュレータ[11]として使えるようになっている。

　このGA-ASIのGCSが、どんな操作系で構成されているかを、まとめてみよう。

●椅子1

●6面のタッチスクリーン式ディスプレイ2

●スロットルレバー (エンジンの推力を加減する際に使用する) 3

●操縦桿 (左右の傾きと前後の傾きを制御する際に使用する) 4

●ラダーペダル (機首の左右の向きを制御する際に使用する) 5

●キーボード6

●無線機

　ディスプレイの用途はさまざまだが、主な用途は以下のようになる。

●機体前方の映像表示 (機体側のカメラから送られてくるライブ映像)

●姿勢、速度、高度などといった飛行諸元[12]の表示

●エンジンをはじめとする、各種機器の状態表示と操作

●搭載するセンサーから得られた映像データの表示

※11：シミュレータ
操縦席と同じものを造り、操縦装置、計器の動きやディスプレイの表示、前方の映像だけを再現できるようにしたもの。操縦席自体は固定式で動かないので「飛行の再現」にはならないが、「機体が持つ戦闘機能の再現」はできる。モーション機能があるシミュレータであれば、「姿勢変化の再現」もある程度できる。

※12：飛行諸元
速度、機体の姿勢、高度といった、飛行に関わるさまざまなデータの総称。これを正しく把握しなければ安全な操縦ができないため、飛行諸元を表示するための計器が必要になる。

※**13：ISOコンテナ**
国際標準化機構（ISO）が
規格化した貨物輸送用コン
テナ。貨物船に貨物を搭載
する際に多用されており、長
さ20ft（約6m）のものと40ft
（約12m）のものがある。JR
貨物の国鉄コンテナとは別
物。

●機体の現在位置を示すための地図

「機体前方の映像表示」は、UAVのGCSに特有のもの。有人機なら
機体にパイロットが乗っているから、コックピット前方の窓を通して外
の風景を見ることができる。UAVはそれができないから、外部の映像
を表示するカメラを搭載して、それが撮影するライブ動画を表示する。

どのディスプレイに何を表示するかは、場合によりけり。機体の操
縦とセンサーの操作を別々の人が担当する場合には、片方のGCS
は操縦に必要な情報だけ、他方のGCSはセンサーの情報だけ、とい
う使い分けをする。

機体を操縦する際の操作系は、有人機と変わらない。右手で操作
する操縦桿は、機首の上げ下げ（ピッチ）と左右の傾き（ロール）を、
足元にあるラダーペダルは左右方向の向き（ヨー）を変えるために使
う。速度の上げ下げは、左手で操作するスロットルレバーを使う。そ
れらを動かすと、その情報が無線で機体に伝えられて、実際に舵面
を動かしたり、エンジンのパワーを上げたり下げたりする。

無線機は、有人機のそれと同様に、他の航空機のパイロット、ある
いは管制官などと交信する際に使用する。

キーボードは、データの入力や、音声による無線交信の代わりにチ
ャットを使用する場面で登場する。これは冗談ではない。21世紀に
入ったあたりからだろうか、軍用の通信でチャットが広く使われるよう
になった。音声交話と違い、画面をスクロールすれば過去のやりとり
を遡って再確認できるし、やりとりの記録をとるのも容易だ。

なお、GCSを移動しやすくするため、GCSを収容する「箱」をISO
コンテナ※13と同じ寸法にしたり、GCSの「箱」に車輪を付けて牽引で
きるようにしたりする事例もある。ISOコンテナと同寸にしておけば、
コンテナ輸送用の道具立てをそのまま利用できる。

Koji Inoue

2020年10月に八戸
航空基地に持ち込ま
れたシーガーディアン
用のGCS。牽引用の
車輪がついている

ノートPCをGCS代わりに使う

　とはいえ、こんな高級なGCSは、相応に高級で高価な機体でなければ用意できない。いや、技術的には用意できるが、UAVが安価になると、GCSが高価なモノになったのでは割に合わない。第一、手で持って歩けるような小型のUAVまであるというのに、それを制御するためのGCSが大がかりでは意味がない。

　だから、小型で安価なUAVになると、市販品のノートパソコンを利用する。屋外で使用することを考えると、パナソニックの「タフブック」[※14]みたいな頑丈・防塵・防滴型のノートPCが好適で、実際、タフブックをGCSにしている事例は多い。

　もちろん、UAVの制御を行うためには「飛行諸元の受信と表示」「操縦指令の送信」などといった専用の機能が求められるから、ソフトウェアはUAVに合わせたものを用意する必要がある。しかし、それを動作させるコンピュータを既製品で済ませれば、安上がりになる。オペレーティング・システムが既製品であれば、開発環境は整っているという利点もある。パソコンならディスプレイも付いている。

　ただし、操縦操作については注意を要する。UAVは三次元の動きをするものだから、それをキーボードの方向キーだけで操るのは、不可能とはいわないまでも、自然な操作とはいえない。しかし幸いなことに、パソコンで動作するフライト・シミュレータや空中戦ゲームがいろいろあるから、そのための周辺機器として外付けのジョイスティックというか操縦桿というか、そういったものが売られている。それを活用すれば安上がりだ。

スキャンイーグルについて記者説明会を行った際に、会場に持ち込まれたタフブック（左）、ジョイスティック（中央）、無線通信用のアンテナ（右）。これでもGCSとして使える

　なお、機体との間で無線通信を行うための仕掛けは市販の既製品ではどうにもならないので、専用のものを用意しなければならないだろう。

※14：タフブック
パナソニックが開発・販売している頑丈ノートPC。落としても水を浴びても動作できるように設計されている。

無線通信がとても大事

　機体から「現在位置」や「飛行諸元」に関するデータを受け取ったり、機体に対して「操縦操作の指令」を送ったりするのは、GCSとUAVを結ぶ無線通信の仕事。だから、この無線通信が死活的に重要になる。ただし、無線通信が絶対に途絶しない、と断言したり保証したりするのは現実的ではない。

　そこで安全装置として、何らかの自律制御は必要になる。たとえば、「無線通信が途絶したら、自動的に離陸地点まで戻ってきて着陸する」といった類のものだ。

　また、さまざまな機種のUAVが登場したときに、機種ごとに専用のGCSを用意しなければならないのでは、経費や開発の手間が馬鹿にならない。もちろん、特定の機体にしかない機能を操ろうとすれば、そのために専用の仕掛けをGCS側が備えなければならない。しかし、操縦操作はどんな機体にも共通して必要となるものであり、しかもその内容はたいてい似たり寄ったり。

　すると、「共通化できるところは共通化する方が」となるのは自然な成り行きである。この話は大事なところなので、後でもうちょっと詳しく書いてみる。

有人機とUAVの操縦の違い

　UAVは人が乗っていないという違いこそあれ、操縦のやり方は有人機と同じである。

　ただし、自分が機体に乗っていないところが違う。そのため、機体の動きを体感できないのは有人機との決定的な違いだ。有人機だと、姿勢の変化や振動などが直に身体に伝わってくるが、UAVの遠隔操縦ではそれがない。

　それに加えて、操縦系統からのフィードバックもない。有人機であれば、操縦桿は舵面とつながっているから、フィードバックがある（ただし、フライ・バイ・ワイヤを使用する機体では、例外もあり得る）。たとえば、操縦桿を左右に倒して機体を傾ける操作をすると、左右の主翼に付いている補助翼が立ち上がる。すると補助翼に気流が当た

るので、操縦桿を持っている手には、何かしらの抵抗が伝わってくる。ところが、離れたところにある機上の舵面とUAVのGCSに付いている操縦桿は直結していないから、そういうフィードバックがない。

　また、機体の周囲の状況を直接目視することはできないので、前述したように、機体が備える外部映像用カメラの映像という、間接的な形になってしまう。

　監視用途のUAVでは、カメラを組み込んだセンサー・ターゲットを備えており、これは旋回・俯仰ができる。だから、それを使って周囲の映像を見ることができる。機体によっては、離着陸時に使用する前方向きカメラを専用に備えていることもある。

※15：見通し線の圏外
目視で見通せない、地平線や水平線の向こう側のこと。

■1 グローバルホークの機首には、離着陸やタキシングの際に前方を見るためのカメラが組み込まれている。左上にある丸い開口がそれ　■2 シーガーディアンの機首上面にも、前方向きカメラと思われる丸窓が付いている。監視用のセンサー・ターゲットは下面に突き出ているもの

▌衛星通信を使用するときのレスポンス

　このほか、操作に対するレスポンスに違いが生じることがある。大型のUAV、たとえばGA-ASIのMQ-1プレデター、MQ-9リーパー、MQ-9から派生したガーディアンやシーガーディアンなどといった大型の機体は、見通し線の圏外※15まで進出できる。そうすると通常の無線通信は届かないため、代わりに衛星通信を使用する。すると、テレビの衛星生中継と同様に伝送遅延が発生する。

GA-ASIが、ガーディアンやGCSと一緒に壱岐空港に持ち込んだ衛星通信機材

※16：MALE
メイルと読む。元の言葉は「中高度（5,000〜10,000m程度）を長時間にわたって飛行する」という意味。もっと高い高度を飛行する、RQ-4グローバルホークのような機体はHALE（ヘイル、高高度・長時間）に分類される。

※17：ファイアバード公式動画

https://youtu.be/hFsFMYoUju8

機体の側で発生した飛行諸元の変動は、コンマ何秒か遅れてGCSの画面に現れる。それを受けて操縦操作の指令を送ると、これもコンマ何秒か遅れて反映される。それが飛行諸元の変動としてGCSのディスプレイに現れるには、さらにコンマ何秒かかかる。カメラの映像も同様である。そんなこんなで、秒単位の遅延が生じてしまうのだ。

この遅れを考慮に入れて、先読みするように操縦しなければならないのは、衛星通信経由でUAVを遠隔操縦する際の難しさだろう。その代わり、アメリカ本国からアフガニスタン上空を飛んでいる機体を操る、なんていう真似もできる。

OPAと有人機の無人化

普通、有人機といえば有人機、無人機といえば無人機である。ところが何事にも例外は発生するもので、有人・無人兼用機もあり、これをOPA（Optionally Piloted Aircraft）という。「パイロットを乗せる選択肢もある航空機」で、もちろん商業施設の名前とは関係ない。

ノースロップ・グラマンのファイアバード

その一例が、ノースロップ・グラマンのファイアバード。同社傘下のスケールド・コンポジッツが開発した機体で、社内名称はスケールド・コンポジッツ・モデル355という。中高度・長時間滞空（MALE[16]：Medium-Altitude, Long-Endurance）型のUAVだが、コックピットも用意してあり、有人機として飛ばすこともできる構造になっている。

ファイアバードは、2010年2月に初飛行を実施した。メーカー公式の動画をYouTubeで見ることができる。[17]

無人形態のファイアバード。機首は完全にカバーされていて、そこに衛星通信アンテナを収める

全長10.5m、全幅24.1m、最大離陸重量7,100lb（3,220kg）。ライカミング製のガソリン・エンジン（出力400hp）を1基搭載、運用高度25,000ft（約7,500m）、航続時間30時間プラスα、巡航速度135kt（250km/h）というスペックの持ち主だ。

　同じMALE UAVに分類される、GA-ASI製のMQ-9と比較すると、ファイアバードの方が小型で軽量、しかし航続時間は同等クラスだ。この両者、同じMALE UAVではあるが、全体配置はだいぶ違う。

　MQ-9は胴体の左右に主翼を生やして、尾端にV尾翼、エンジン、プロペラを取り付けている。それに対してファイアバードは、中央に短めの胴体があり、後端にエンジンとプロペラがある。そして、胴体の途中から左右に伸びる主翼から、後方にツインブームを伸ばしている。ツインブームの後端には垂直尾翼を立てて、それを水平尾翼で結んでいる。先に取り上げたRQ-7シャドーと同じだ。

　似たような配置の有人機が何かなかったっけ、と思案したところ、思い出したのは、日本海軍が太平洋戦争中に計画した局地戦闘機（防空戦闘機）の「試製閃電」[※18]だった。

　有人・無人のどちらにも対応しようとすれば、コックピットのスペースを確保する前提で設計する必要があり、それが形態の違いに現れている。

　だから、最初にできたファイアバードの試作機は、胴体の前寄りに操縦席とキャノピーを設けており、パイロットが乗って操縦するようになっていた。無人運用では、コックピットのスペースに衛星通信アンテナを搭載すればよい。衛星通信のアンテナは、頭上の視界が開けている場所に載せなければならないから、「視界の広さが求められる」という点でコックピットと共通性がある。

Northrop Grumman

有人形態のファイアバード。機首上面がキャノピーになっており、座席は左右に2つ

※18：試製閃電
第二次世界大戦中に三菱重工が設計した戦闘機。紡錘形の機首の後ろにレシプロエンジンとプロペラを付け、左右の主翼から後ろに2本のブームをのばして水平尾翼でつないだ双胴推進式の航空機であった。試作されずに終戦を迎えた。

※19：ペイロード
日本語では「有償荷重」と訳される。ようは積荷のこと。旅客、貨物、爆弾やミサイル、そして無人機が搭載するセンサーなど、機体に載せる「仕事をする部分」を指す言葉として用いられる。

※20：風洞試験
飛行機やレーシングカーなど、空力が関わる製品の設計に欠かせないプロセス。指示した風速の風を流せるようにしたトンネル（これが風洞、wind tunnel）に模型を設置して、空気の流れを調べたり模型にかかる荷重を測定したりする。

※21：縦の静安定
固定翼機が安定して飛ぶための要件で、機体の前後方向の重心位置を、主翼の揚力中心よりも前方に持ってくることで実現する。紙飛行機を作るときに頭を重くする理由がこれ。ただし戦闘機では、機敏に飛べるようにする目的で、わざと縦の静安定を少なく設計することがある。

そして、パイロットを乗せられるぐらいの機内スペースと搭載能力があれば、センサー機器などミッション機材のためのスペースを大きくとれるのではないか、と期待できる。ちなみに、ファイアバードのペイロード※19は1,700lb（771kg）。左右の主翼と胴体の下面に1ヶ所ずつ、合計3ヶ所のパイロンがあり、外部搭載も可能。

一方、MQ-9は当初から無人機と割り切った設計で、胴体は細身にまとめている。主翼と尾翼を取り外して、専用の輸送用コンテナに収容するとコンパクトにまとまり、それを輸送機に載せれば遠隔地に持って行くのも容易である。

┃OPAのメリットと課題

OPAは、有人でも無人でも運用できるところが売りとなる。といっても、「空飛ぶクルマ」よろしく人を運ぶ機体というわけではない。

たとえば、普段は無人で監視飛行を実施しておいて、「これは人間の目玉で確認しないと」というときに人を乗せて飛ばす、なんていう使い方ができる。また、有人機と無人機が同時に飛べない空域でも、パイロットを乗せれば有人機に化けるので、他の有人機と同じように飛べる。

ただし、もしも有人形態と無人形態で機首の外形が変われば、空力特性に変化が生じるから、風洞試験※20は個別に実施しなければならない。どちらの形態でも、空力的な問題が生じないことを確認する必要があるからだ。そんな手間をかけるぐらいなら、有人・無人のいずれでも同じ外形になるように設計する方が合理的となる。

また、形態が変われば重量配分にも影響が生じる。無人化すれば確実に、パイロットの体重の分だけ機首が軽くなるからだ。それによって重心位置が後方に移動すると、縦の静安定※21に影響が生じる可能性が考えられる。もっともこれは、機器の追加搭載である程度、相殺できそうではある。バラストを積んで調整する手もあるが、これはできれば使いたくない方法だ。

本職ではない筆者でもそれぐらいは思いつくのだから、当然、設計段階では形態の変化に伴う影響を織り込んで、しかるべき対策を講じているはずだ。

有人機を無人化するROBOpilot

　最初から無人化するつもりで機体を設計するなら話はシンプルで、飛行制御コンピュータからの指令で操縦翼面^{※22}やスロットルを操作するように設計する。それに対するインプットを誰がやるかというだけの違いだ。

　既存の有人機を無人化する場合でも、フライ・バイ・ワイヤ^{※23}（FBW）なら操縦指令は電気信号の形で出ているから、それを人間が操る操作系の代わりにコンピュータから送り出せば、無人化は比較的容易に実現できると考えられる。

　では、索やロッドで操縦翼面を動かす、メカニカルな操縦系統を使用している既存の有人機を無人化しようとしたら、どうすれば良いだろうか。

　……という面白い課題に取り組んだのが、米空軍研究所（AFRL：Air Force Research Laboratory）。ここがDZYNE Technologiesという会社と組んで、「ROBOpilot」というプログラムを立ち上げた。名前からすると、ロボットが飛行機を操縦するんですか？　と思いそうになるが、実際、その通りなのだ。

　なにしろ、ROBOpilotはRobotic Pilot Unmanned Conversion Programの略称。つまり、「ロボットを用いて有人機を無人機に転換する」という意味である。セスナやパイパーといったメーカーが製造する軽飛行機がアメリカ国内で多用されているが、この手の機体を迅速に無人化できるようにしよう、という趣旨。

米空軍研究所のROBOpilotプログラムに使用されたセスナ206

　まず、2019年8月9日にユタ州のダグウェイ実験場^{※24}で、2時間の初飛行を実施した。ところがこの機体、着陸事故を起こしていったんは飛行停止になってしまった。しかし原因究明と対策が進み、2020

※22：操縦翼面
エルロン、エレベーター、ラダー、フラップ、エアブレーキなど、操縦者が動かして航空機の挙動を制御するための舵面。

※23：フライ・バイ・ワイヤ
操縦桿やラダーペダルを操作して直に操縦翼面を動かすのではなく、操縦桿やラダーペダルの操作を飛行制御コンピュータへの入力として、そこから飛行制御コンピュータが操縦翼面に、電気信号で動作の指示を出す操縦システム。空力的に不安定な形状・配置の航空機を安定して飛ばしたり、危険領域に入らないように無理な操縦操作を自動的にカットしたり、ボタン操作ひとつで水平直線飛行に復帰させたり、といったことが可能になる。

※24：ダグウェイ実験場
ユタ州のソルトレイクシティ近くにある米陸軍の実験場。ここでは過去にさまざまな実験が行われている。第二次世界大戦中には、ここに「典型的な日本家屋」が造られて、焼夷弾の実験が行われた。

AFRL

AFRL

https://you
tu.be/dQxac
TMu7XU

「ROBOpilot」を導入したセスナ206の操縦席。パイロットに代わって、機体を操縦するためのアクチュエータなどが陣取っている

※25：アクチュエータ
機器を動かすための駆動装
置。航空機では、操縦翼面
を動かしたり、脚を上げ下げし
たりする場面で用いられる。
油圧、空気圧、電動がある。

年9月に飛行再開を実現できた。9月24日にダグウェイで実施した通
算4回目・2.2時間のフライトでは、試験に際して設定した目標はす
べて達成できたとしている。

　では、どうやって無人化したのか。まず、パイロット用の座席を取り
外してフレームを設置する。そこに、アクチュエータ※25、電子機器、カ
メラ、電源、マニピュレータ(遠隔操作式の腕)といった機器を取り付
ける。そして、アクチュエータが操縦桿やラダーペダルやスロットルレ
バーを物理的に動かす。

ROBOpilotで難しそうなポイントとは

　パイロットが飛行機を操縦するときには、計器を見て機体の姿勢
や動きを把握した上で、自分の意図に合わせて操縦桿、ラダーペダ
ル、スロットルレバーといったものを操作する。ROBOpilotでは、そ
れをアクチュエータで実現する。

　右旋回するときには、操縦桿を右に倒すとともに、右のラダーペダ
ルを踏み込む。また、旋回によって速度が落ちればパワーを足す。つ

まり、複数の操作系を調和させながら動かす操作が求められる。

　操縦桿、ラダーペダル、スロットルレバーの操作はON/OFFしかない単純なものではなくて、デリケートな操作を要求される。だからもちろん、微妙な動きを正確に実現できなければ困る。レバーやペダルにアクチュエータを取り付けるところで、あるいはアクチュエータそのものの動きに、ガタが出るようなことはあってはならないだろう。

　特定の機体に合わせて専用の機材を用意するならまだしも、汎用性のある機材を実現しようとすると、機体によって操作系の位置が違ってくるから、それに合わせて調整できる仕組みが必要になると思われる。しかもガタが出ないようにしながら。

　そして、機体の姿勢や動きを常にフィードバックさせる、クローズド・ループ※26の仕組みを構成する必要がある（これは、人間が操縦する場合でも同じことをしているのだが）。どの機種でも操作系を同じだけ動かせば同じように動くとは限らないから、操作によって生じた機体の動きをフィードバックさせて調整するようにしないと操縦にならない。

　すると、機体の飛行状態をどうやって知るかという課題も出てくる。グラスコックピットになっている機体なら、電気信号の形で飛行諸元を取り出すことができるが、軽飛行機なら機械式アナログ計器が付いているものと考えてかからなければならない。

　では、どうやって飛行諸元を読み取るのか。人間がやるのと同様に、計器の表示をカメラで読み取るのか、それとも別途、速度や姿勢や高度を知るためのセンサーを用意するのか。そういう課題もある。

　こうしてみると、「ロボットで軽飛行機を操縦しましょう」といっても、見た目よりもずっと難しい作業をしているのではないかと推察される。それだからこそ、AFRLが乗り出してきて開発に関わっているということだろう。

※26：クローズド・ループ
指示した結果として生じた動きをフィードバックして、その後の制御に反映させる手法。飛行機の操縦であれば、操縦操作の結果として機体がどう動いたかを見て、意図に反していれば補正する。対義語として、動きを指示するだけで放置するオープン・ループがある。

USAF

第2部
UAVを実現するための要素技術

第1部では「UAVとはどんな飛びものなのか」という話を主に取り上げた。
次に、そのUAVを実現するためにはどんな技術が必要か、
という話をまとめてみたい。

※1：自動操縦装置
オートパイロット。人間が機体を操縦する代わりに機体が操縦するものの総称だが、どこまで自動的に行うかは場合による。

自律飛行のために何が必要か

第1部で「自律飛行」と「遠隔操縦」という話を書いた。目視できる範囲内で遠隔操縦を行うのであれば、機体の位置や動きは目視でそれなりに把握できるし、その場で操縦指令を行って対応できる。しかしそれを自律的に行おうとすれば、クリアしなければならないハードルがいろいろ出てくる。

その1：自動操縦装置

まず、何はなくとも自動操縦装置※1が必要になる。「自動操縦装置」と名乗る機器だけなら第二次世界大戦の頃にはすでに存在したが、これは単に「現在の針路・速力・姿勢を維持してまっすぐ飛び続ける」というだけのものであった。まだコンピュータなど影も形もない時代のことだから、機械的に実現しようとすれば、これが限界。

ところが実際に飛行機を飛ばすと、外部からの気流の影響をはじめとする外乱が発生するので、「まっすぐ飛んでいるつもり」でも、実際にはまっすぐ飛んでいない」ということは起こり得る。

その問題を解決しようとすると、何が必要か。「現在の針路・速力・高度」に関する情報を取り込んで、そこから逸脱したら元に戻す機能が必要になる。それを機械で実現しようとすると話が複雑過ぎて、実現には無理がある。

すると、制御用のコンピュータと、そこに飛行諸元を取り込む仕組み、それを受けて操縦指令を発する仕組みが必要になる。これはまさに情報通信技術の領域である。まず、飛行諸元を機械式の計器で表示しているのでは、その情報をコンピュータに取り込むことができない。

その2：測位技術

外部から進路を制御する鉄道は話が違うが、その他の乗り物はみんな「現在位置を把握して」「目的地に向かうためにどう進めばいい

か」を判断して操縦する。

　飛行機を操縦する際にも、「現在の針路・速力・高度」だけでなく、「機体をA地点からB地点に導く」、つまり航法（navigation）のプロセスが加わる。それを実現するためには、現在位置が分かっていなければならない。「私は誰？　ここはどこ？」では航法が成り立たない。

　すると、測位技術が必要になる。つまり現在位置の緯度・経度を知る技術だ。有人機なら、それをパイロットあるいは航法士がやっているが、無人機では代わりの手段が必要になる。

　現在位置の緯度・経度を知る手段としては、まず、地上から出す電波を利用する無線航法システム[※2]が登場した。しかしこれは、精度がやや低い。オートパイロットと組み合わせて機能できるだけの精度を出せるようになったのは、慣性航法システム[※3]（INS：Inertial Navigation System）のおかげといえるだろう。

　軍用機や潜水艦では早くから用いられていたが、民間分野ではボーイング747への搭載あたりが普及のきっかけではなかっただろうか。大型で高価な機体だから、高価なメカを載せても相対的に価格の上がり方が少なくなり、搭載が現実的になったという事情がある。

　加速度を時間で2回積分すると移動量を割り出せるが、それを三軸方向について行い、合成する装置がINS。起点の緯度・経度が分かっていれば、そこからベクトルを延ばすことで現在位置も得られる。そのために3個の加速度計を用意して、それを正しい向きに保つ仕掛けが必要になるので、大がかりで高価なメカになってしまった。

　だから、安価であることが求められがちなUAVにINSを載せるのは、難しい。UAVに載せられるぐらいに小型軽量・安価、かつ高い精度を備えた現実的な測位手段となると、GPS（Global Positioning System）の登場を待つ必要があった。

※2：無線航法システム
電波を利用して、航空機や艦船が自己位置を把握できるようにする支援システムの総称。電波の到達時間や発信源の方位といった情報を活用する。

※3：慣性航法システム
加速度を時間で2回積分すると、移動距離が分かる。その計算を前後方向・左右方向・上下方向について個別に行い、結果を合成することで、起点からの移動方向と移動距離を知る装置。外部の情報に頼らなくても測位できるのが利点だが、最初に起点の位置を正しく入力する点が肝要。

GPS衛星。かつてはNAVSTAR衛星と呼ばれていたが、近年ではGPS衛星と呼ぶのが一般的なようだ

GPSは、地球の周囲に設定された6種類の周回軌道を回る衛星から地表に向けて送られてくる電波を受信して、電波の到達時間差などの情報を基にして現在位置を割り出す。3個の異なる衛星から電波を受けると位置が分かり、4個の異なる衛星から電波を受けると時刻も精確に分かる。

INSと違って機械的なメカがないから、小型・軽量・低消費電力にまとめやすい。もともと軍用として開発されたGPSだが、民間にも開放されたため、民間での利用にも支障はない。

その3：操縦制御技術

GPSがあれば現在の緯度・経度・高度が分かり、そのデータを基にして「目的地に到達するための針路」も計算できる。あとは、それに基づいて機体を操る話となる。

電動式マルチコプターであれば、前述したように、複数あるローターの回転数を個別に加減することで、速度・姿勢・針路を変えられる。では、それ以外の機体はどうするか。操縦系統は基本的に有人の固定翼機や回転翼機（ヘリコプターのこと）と同じだから、それを人間の代わりにコンピュータが操る仕掛けが必要になる。コンピュータは電気信号を出すことしかできないから、操縦系統を操作するのに電気信号が使えれば理想的。

よくしたもので、フライ・バイ・ワイヤ（FBW）というものがある。操縦桿やペダルと舵面を機械的に接続する代わりに、飛行制御コンピュータを介するものだ。操縦桿やペダルの動きは、「機体をこのように操りたい」というパイロットの意思として、飛行制御コンピュータに取り込まれる。飛行制御コンピュータはそれを受けて、意思を反映できるような機体の動きを実現するように、舵面を動かす指令を出す。また、スロットルレバーを動かしてエンジン出力の増減を指示する。エンジンがコンピュータ制御であれば、この指示も電気信号の形で行える。

そこで、「パイロットの意思」が「オートパイロットの意思」に変われば、UAVの自律操縦が実現する。オートパイロットは、機体の姿勢、高度、速度、それと現在位置の緯度・経度に関する情報を取り込み、

そこから目的地に向けて、どういう針路で飛行すればいいかを割り出す。それに基づいて飛行制御コンピュータに、操縦操作の指令を送る。

　これで、外部から遠隔操縦しなくても、自律的にA地点からB地点に向けて飛んでいける飛行機を作り出せる。

UAVとモジュラー設計

　乱暴にいってしまうと、UAVには自作PCと似たところがある。何が似ているかというと、設計に際してモジュール化[4]の概念を取り入れて、ペイロード（積荷）の換装や変更を容易にしている事例が多いところが似ている。

　ここでいうペイロードとは主として、情報収集に使用するセンサー機材である。武装UAVなら誘導爆弾やミサイルを搭載するので、これらもペイロードに含まれるが、そういった兵装の誘導にはセンサー機材が必要なのだ。

ペイロードとペイロード・ベイ

　UAVを設計する際には一般的に、ペイロード・ベイと呼ばれる区画を機体の下面に設ける。そこにさまざまなセンサー機材を搭載して、UAVの主要な用途であるISR（Intelligence, Surveillance and Reconnaissance、情報収集・監視・偵察）関連の任務に従事させる。搭載するセンサー機材には、以下のようなものがある。
- TVカメラ
- 赤外線センサー
- レーザー測遠機（距離を測る）
- レーザー目標指示器
- 合成開口レーダー[5]（SAR：Synthetic Aperture Radar）
- 電子情報[6]（ELINT：Electoric Intelligence）収集機材
- 通信中継機材

　このうち最初の4種類は、ひとまとめにして旋回・俯仰が可能なセ

※4：モジュール化
システムを構成する諸要素をすべて一体にしないで、機能ごとに分かれた部品（モジュール）で分けて構成すること。こうすることで、部品単位で改良が可能になるので継続的な能力向上をやりやすい。防衛電子機器の分野では、機能ごとに別々の部品に分けるのが一般的。

※5：合成開口レーダー
レーダー・アンテナを移動させながら、その移動を利用することで実際のサイズ以上に大きなアンテナと同じ状態を擬似的に作り出して、高解像度のレーダー映像を得る手段。レーダー・アンテナが移動していなければ実現できない。英略語SARは「サー」と読む。

※6：電子情報
レーダーのような電波兵器が使用する、電波の特性に関する情報。どの機種のレーダーがどういう特性の電波を出しているかを調べることで、妨害の方法を考え出す役に立つ。英略語ELINTは「エリント」と読む。

ガーディアンの機首下面に取り付けられている光学センサーのターレット。旋回・俯仰が可能で、写真の状態では前方を向いている

ンサー・ターレットにすることが多い。ただし、小型・安価な機体ではTVカメラだけだったり、レーザー関連の機材がなかったりすることもある。

　そして、カスタマーがどの機材を使いたがるかは場合による。光学センサー機材が欲しいこともあれば、天候に関係なく使えるSARが欲しいこともある。

　同じ分野の製品でも、もともと付き合いがある国の製品、すでに別の機体で運用実績がある製品を利用したいと考えるのは自然なことだ。さらに、武器輸出規制の関係で入手可能なセンサー機材に限りがあり、別の代替品に変更しなければならないこともある。

　するとUAVを売る側からすれば、カスタマーの要望に応じてさまざまなセンサー機材を搭載できるようにしておく方が、商売をしやすい。それに、UAVの能力向上では飛行性能の向上よりもセンサー能力の向上が優先されるから、新型センサーに容易に変更できる設計にしておく方がよい。

　そこで、機体とセンサーを一体のものとして開発するのではなく、ペイロード・ベイという独立した区画を設けてモジュラー化する。それにより、センサー機材の変更や更新を容易にするという考え方になる。ただし、物理的なフォームファクタ（寸法・形状）、重量、電源供給能力や冷却能力、データ伝送用のインターフェイス、といったところをどう統一していくかという課題はある。

┃センサー機材が異なる例：グローバルホークの一族

　たとえばノースロップ・グラマンのRQ-4グローバルホークには、ブロック10・ブロック20・ブロック30・ブロック40というバリエーシ

ョンがある。

ブロック10ではISS[7] (Integrated Sensor Suite) というセンサー群を搭載したが、ブロック20とブロック30ではISSの探知可能距離を延伸するとともに解像度を向上させたEISS (Enhanced Integrated Sensor Suite) に切り替えた。

このほかブロック30ではSIGINT[8] (Signal Intelligence) 用にASIP[9] (Airborne Signals Intelligence Payload) も搭載する。そしてブロック40では、MP-RTIP[10] (Multi Platform-Radar Technology Insertion Program) というSARを搭載する一方で、SIGINT機材はやめた。

さらに、そのRQ-4から米海軍向けに派生させたMQ-4Cトライトンという機体がある。こちらはBAMS (Broad Area Maritime Sur-

Hirotaka Yanaba

RQ-4ブロック30。胴体下のセンサーフェアリングはなだらかに膨らみ、L字型のアンテナが何本も見える

Hirotaka Yanaba

RQ-4ブロック40。胴体下のセンサーフェアリングは角ばっており、ブロック30のようなL字アンテナはない

USMC

MQ-4Cトライトン。RQ-4から派生した広域海洋監視型で、機首下のターレットなど、RQ-4とは異なるセンサーを搭載する

※7：ISS
RQ-4グローバルホークのうち、ブロック10が搭載するセンサー群の名称。電子光学/赤外線センサー（可視光線あるいは赤外線による映像情報）、合成開口レーダー（地表の凸凹に関するレーダー映像を得る）、信号情報（SIGINT）用のセンサーを組み合わせている。

※8：SIGINT
信号情報と訳される。電子情報や通信情報など、電磁波の形で飛び交っている各種情報の総称。シギントと読む。

※9：ASIP
RQ-4グローバルホークのうちブロック30が搭載する、SIGINT収集用センサーの名称。さまざまな電波を傍受・記録する。ELINTであれば電波そのものの特性が問題になるし、COMINTであれば電波を用いる通信の内容が問題になる。

※10：MP-RTIP
ノースロップ・グラマンが開発したレーダーで、地上を移動する車両の動静を監視するために使用する。RQ-4グローバルホークのうちブロック40が搭載する。

veillance）という計画名称の通り、広域海洋監視を担当する機体なので、これまたセンサー機材の内容には違いが出てくる。

　しかし、どの機体をとっても外見は似ている。ドンガラ（機体構造やエンジン）はできるだけ共通性を持たせて、仕事をするペイロードの部分を用途に応じて変更することで、製作費用も維持管理費用もアップグレード改修費用も抑制できると期待する。自作PCで、パーツを交換したり追加したりして能力向上を図るのと似ている。

┃センサー機材が異なる例：プレデターの一族

　似たような話は、MQ-1プレデターの一族にも存在する。まずナット（Gnat）という機体があり、それを発展させる形でRQ-1プレデターができた。RQ-1の "R" は reconaissance、つまり偵察機の意。

　当初のプレデターはISR専用だったが、それを実際に運用してみたら、「ターゲットとなる重要人物を見つけたのに、戦闘機を呼んで

非武装のRQ-1プレデター。ちょっと分かりにくいが、機首下面に付いているセンサー・ターレットはMQ-1のものよりも小ぶり

こちらはMQ-1プレデター。翼下にぶら下げたヘルファイア・ミサイルを誘導するため、機首下面のセンサー・ターレットが変更された

米陸軍向けのMQ-1Cグレイ・イーグル。基本配置はさほど変わっていないが、機首まわりの形状に差異が見られる

いる間に逃げられた」といった問題が露呈した。

　そこで2000年頃に、プレデターにAGM-114ヘルファイア対戦車ミサイルを載せて武装化すれば、という発想が出てきた。ところが、ヘルファイアはセミアクティブ・レーザー誘導[11]、つまりターゲットに対して誘導用のレーザー・パルス[12]（スパークルと呼ばれる）を照射する必要がある。しかしRQ-1が搭載しているセンサー・ターレットには、ターゲットをレーザー照射する機能がなかった。

　そこで、センサー・ターレットをレイセオン（現 RTX）製のAN/AAS-44 (V)[13]、通称「フォーティフォア・ボール」に載せ替えることになった。こうしてできたのが、武装型のMQ-1プレデターだ。

　もともとRQ-1やMQ-1は米空軍で運用している機体だが、さらに米陸軍向けにMQ-1Cグレイ・イーグルという派生型を生み出した。これは用途に合わせてセンサー機材を変更している。具体的にいうと、光学センサー機材に加えてAN/ZPY-1[14]スターライトという対地監視レーダーを搭載するのが特徴で、その辺がいかにも陸軍向けである。

　そして、（機体側でも多少の手直しを要したとはいえ）ペイロードを増やしたり変えたりできたからこそ、プレデター一族は長寿になった。米空軍のMQ-1は、発展型のMQ-9リーパー（プレデターB）に置き換えられて退役したが、米陸軍のMQ-1Cは第一線にいるし、さらに改良型の計画も進んでいる。

▍武器輸出規制にひっかかることも

　ことに武器輸出の世界では、性能が良いことは正義だが、それが原因で輸出に制限が付く場合が少なくない。アメリカの製品だと、「NATO諸国には売ってもいいが、中東諸国に売るのはダメ」なんていうことはしばしば起きる。

　だから、同じ機能を実現するペイロードでも、カスタマーによって製品を変えなければならない。アメリカにはITAR[15]（International Traffic in Arms Regulations）という武器輸出関連の規制があるが、これにひっかかる高性能の機器は売れる相手が限られるので、それ以外の国にも売れるように「ITARフリー」（ITARの制限にひっ

※11：セミアクティブ・レーザー誘導
ミサイルなどの精密誘導兵器を誘導する方式のひとつ。外部の送信機から目標に照射したレーザーの反射波を、受信機を持つミサイルや誘導爆弾などがたどって、目標へと至る。

※12：レーザー・パルス
断続的に発信を繰り返すレーザー・ビームのこと。発信する間隔や送信時間を変えることで、送信元を区別して混信を防ぐことができる。

※13：AN/AAS-44 (V)
レイセオン（現 RTX）が開発した光学センサー。旋回・俯仰が可能な球体の内部に、赤外線センサー、レーザー目標指示機、レーザー測遠機などを内蔵している。これにより、赤外線センサーで捕捉した映像の中からターゲットを見つけ出して、レーザー照射で距離を測ったり、レーザー誘導の爆弾やミサイルを当てるための照射を行ったりできる。

※14：AN/ZPY-1
ノースロップ・グラマンが開発した合成開口レーダー。地上・海上の凸凹を静止映像として捉える機能と、地上・海上の移動目標を拾い出す機能がある。

※15：ITAR
アメリカ政府の武器輸出規制。米国武器輸出管理法によって規定されている。

※16：シグナル・プロセッサ
ソナーは音波、レーダーは電
波を放って反射波を受信した
り、対象物が発する音波や
電波を受信したりして探知を
成立させる。その受信した
データを処理して、有意な情
報を拾い出す処理を行うコン
ピュータのこと。生の電波や
音波のままでは熟練した人し
か情報を読み取れないので、
こうした仕掛けが必要になる。

※17：電子光学センサー
要するにデジタルカメラ。映
像を電子的な、デジタル化し
た情報として取り出すのが名
の由来。英語ではElectro-
Optical、略して「EO」ともい
う。

かからない）ペイロードを用意している事例もある。

そういう観点からいっても、モジュラー化してペイロードの交換・変更を行いやすい設計を取り入れることは重要だ。

UAVとシステム・オブ・システムズ

といったところで、一般的には馴染みの薄い「System of Systems」という言葉について取り上げてみたい。ひらたくいえば「システムの集合体」である。

サブシステム→システム→システムの集合体

たとえばレーダーは、アンテナ、送受信機、シグナル・プロセッサ[16]などといった「サブシステム」を集めてできる、ひとつの「システム」である。そのレーダーや、その他のセンサーを組み合わせて「さまざまなセンサーから得た情報を集約・融合」する仕組みを構築すると、これはシステムの集合体、すなわちSystem of Systemsである。いまどきの戦闘機や艦艇は、たいてい、こういう形になっている。その極めつけがF-35やイージス艦であろう。

UAVもまた、System of Systemsの典型例といえる。

まず機体からして、測位、航法、自動操縦などといった、さまざまなシステムが関わる。また、地上管制ステーション（GCS）と機体を結ぶ通信システムもある。

さらに、ただ飛ぶだけでなく、何か仕事をするために飛ばすのだから、その仕事のためのシステム、すなわちペイロードが加わる。軍用UAVのポピュラーな用途といえば監視・偵察だが、それには電子光学センサー[17]、赤外線センサー、レーダーなど、さまざまなセンサーを使っている。

そして、ペイロードが得たデータは無線通信によってGCSに送る必要があるし、GCSからはペイロードの操作（「あっちを向け」とか「これにレーザーを照射せよ」などなど）、武装している機体なら武装の発射、そしてもちろん機体の操縦など、さまざまな指令が飛んでくる。

その「機体」「ペイロード」「GCS」「通信」といったシステムが集まり、UAVが仕事をするためのSystem of Systemsを構成している。

GCSとセンサーをめぐるインターフェイスの問題

UAVとGCSは同じメーカーがセットで手掛けることが多いが、搭載するセンサー機器は外部のメーカーに頼ることが多い。だから、物理的なインターフェイスと、センサー機器を制御するためのソフトウェア向けインターフェイスの両方について、仕様を取り決めておかなければならない。ソフトウェアが「右を向け」と指示したつもりなのに、センサーが左を向いたら困る。

センサー機器が出してきたデータを解析するソフトウェアも、同じことがいえる。たとえば、データの記述形式が分からなければ、データの処理はできない。

この辺は、パソコンあるいはスマートフォンやタブレットと、周辺機器のメーカーの関係に似たところがある。USBのコネクタみたいな物理的インターフェイス、周辺機器を制御するためのソフトウェア、そのソフトウェアに関わるAPI（Application Programming Interface）といった要因が関わってくることを考えていただければ理解しやすい。

それをUAVの業界に置き換えると、どうなるか。使えるセンサー機材やソフトウェアが豊富にあるか、センサー機材の操作性はどうか、機体やセンサー機材の中に輸出規制に引っかかって入手不可能になるものはないか、といった要因が関わってくることになる。そして、利用可能なソフトウェアやペイロードがたくさん出回り、扱いやすい製品、性能がいい製品が増えれば、UAV自体の売り上げ増にもつながると期待できる。

UAVと標準化仕様

こうした事情があるため、IT業界と同様に、相互接続性や相互運用性[18]という問題がついて回るのが、UAV業界の面白いところ。

※18：相互接続性・運用性
ふたつのシステムの間で通信が成立するかどうかを意味するのが相互接続性。それを前提として、さらにデータや指令のやりとり、それによって実現する機能を正常に動かせることを意味するのが相互運用性。インターネットでは異なる種類の機器同士で同じように電子メールのやりとりができるが、これは相互運用性を実現している身近な例。

問題は相互接続性と相互運用性

　まず、UAVを飛ばすためには飛行諸元に関するデータを機体から受け取ってGCSの計器に表示したり、GCSからの操縦指令を機体に送ったりする必要がある。特定の機体と特定のGCSの組み合わせだけで済ませればよいのであれば、メーカー各社がそれぞれ独自の規格・システムを構築していても、なんとかなる。

　しかし、ことに軍隊ではUAVの利用が急速に拡大しており、さまざまな機種を用途ごとに、あるいは組織階梯ごとに使い分けるようになってきている。最前線の小規模部隊は小型で安価な機体を、後方の上級部隊は大型で高級な機体を、という使い分けがポピュラーだ。

　それだけでなく、新型機への更新という問題もある。ことに最前線の小規模部隊が使用する機体は「撃ち落とされても仕方ない、人命の損耗よりは良い」という考えが根底にあるから、消耗も多い。そこで機体を補充するのに、元と同じ機体しか使えないのでは具合が悪い。より高性能の、あるいは安価な新型機に置き換えられれば、その方がいい。その際にGCSも含めて総取り替えになるよりも、同じGCSのままで新しい機体に対応できる方がありがたい。

機体・GCS間のインターフェイス標準化

　そんなこんなの事情から、UAVとGCSの間のインターフェイス仕様を標準化して、相互運用性を持たせることはできないか、という話が出てきた。もちろん、個々の機種ごとに固有の部分はどうしても残るだろうが、標準化できるところだけでもする方が良いのは自明の理。

　UAVを操縦するためのGCSとのやりとりでは、デジタル・データの形で飛行諸元、操縦指令、センサー・データなどに関する情報が

アメリカ東海岸メリーランド州のパタクセントリバー海軍航空基地に設置された、新型艦載空中給油用UAV、MQ-25用の任務管制ステーション。地上の管制機材と飛行中のUAVの間で指令やデータを円滑にやりとりするには、標準化仕様が欠かせない

行き来するから、データ記述形式や伝送規約に関する規定が含まれるのだろう、とは容易に想像できるところ。

そこでNATOでは、UAVとGCSの相互運用性に関する複数の標準化仕様を規定している。これらは「STANAG XXXX」という一連番号がついていて、番号で内容を区別する。IT業界でいうところの「RFC[19] XXXX」とか「IEEE[20] XXXX」と似たようなものだ。ちなみにSTANAGとはStandardization Agreementの略だ。複数の国が連合作戦を実施するためには、規格や手順を統一しておかないと具合が良くないので、こういう仕組みがある。

同じ問題は、UAVが搭載するペイロードからGCSにデータを送る場面でも発生する。そこでこちらも、分野別にSTANAGの規定があり、例を挙げると以下のようになる。

● STANAG 4545：電子光学センサーや合成開口レーダーから取得する、静止画のデータ形式（NSIF：NATO Secondary Imagery Format）に関する規定

● STANAG 4586：電子光学センサーの制御・操作に関する規定

● STANAG 4609：電子光学センサーから取得する動画のやりとりに関する規定

● STANAG 4607：GMTI（Ground Moving Target Indicator、地上移動目標識別）機能を備えたレーダーから取得する、移動目標データのやりとりに関する規定

● STANAG 5516：追跡情報メッセージのやりとりに関する規定

UAVの分野で、特に多い利用形態は電子光学センサーによる動画の実況中継だから、STANAG 4586やSTANAG 4609は重要である。

ともあれ、インターネットにおけるあれやこれやと同様に、UAVと、UAVが搭載するペイロード、そしてそれを管制するGCSにも、同様に標準化仕様がついて回ることを知っておいていただきたい。

UAVのGCSをめぐるあれこれ

ここまで、「UAVはペイロードやGCSも含めた、各種システムの集

※19：RFC
Request for Commentの略。インターネットで用いられる、各種技術の標準化や相互運用性を実現する目的で作成・公開されている文書群のこと。ハードウェアやソフトウェアがいろいろあっても同じようにインターネットを利用できるのは、RFCで公開されている文書に則っているため。

※20：IEEE
Institute of Electrical and Electronics Engineers（米国電気電子学会）という学会。通信・電子・情報工学とその関連分野を対象とする研究活動や、仕様標準化の活動を行っている。有線・無線のネットワーク規格は、IEEEによる標準化仕様のひとつ。

合体である」「システムを構成するためにはインターフェイスの仕様が問題になる」といった話を書いてきた。続いて、UAVの運用に際して欠かせないアイテムであるGCSに関して、少し掘り下げてみたい。

タッチスクリーン式ディスプレイの長所

有人機では、コックピットの計器盤における多機能ディスプレイ（MFD：Multi Function Display）の利用は一般的になっている。軍用機の場合、当初のMFDは周囲のベゼル部にボタンをズラッと並べていて、個々のボタンの機能は画面の表示内容によって変わる仕組みになっていた。

こちらは有人機F-5Nのコックピットにある多機能ディスプレイ。操作ボタンは画面の周囲にある

ところが、最近になって増えているのがタッチスクリーン式ディスプレイで、その典型例がF-35である。タッチスクリーン化すると、新たな長所と短所ができる。

まず長所だが、ディスプレイと操作系（スイッチ、ダイヤル、レバー、ノブの類）を別々に用意する必要がなくなる。操作系はすべて画面上に現れて、それを指先の操作によって操るからだ。

だから、操作系の追加や削除、あるいはデザイン変更は、ソフトウェアの変更によって実現できる。「小さすぎて操作しやすいから、もうちょっと大きくしたい」なんていうことになっても、（画面上のスペースを確保できれば、だが）ソフトウェアの変更で済む。

UAV用のGCSでは、このことが「ひとつのGCSで異なる複数の機種に対応できるし、センサー機器の変化や追加にも対応しやすい」という利点につながる。機種が変わったら、それに合わせて画面の内容を変えれば良い。変更によって存在しなくなる機能があれば、該当する操作系の表示を消せば良い。センサー機器の追加・削除・更

映り込みが激しくて申し訳ないが、タッチスクリーンの表示例。左上はチェックリスト、右上はエンジン計器、右下は油圧・燃料計器、左下は通信のセッティング、という使い分け。ちゃんと計器は計器らしく、ボタンはボタンらしく見えるようにデザインされている。ところどころに、縞々で囲まれたボタンが見えるだろうか?

新でも同じだ。もちろん、そのためにソフトウェアを用意したり、書き換えたりしなければならないのは当然だが。

タッチスクリーン式ディスプレイの短所

タッチスクリーン式ディスプレイには、柔軟性という長所がある一方で、短所もある。

まず、物理的なスイッチ、レバー、ノブなどと同じ操作を実現できるとは限らないので、タッチスクリーンに合わせた操作の仕方を考えなければならない。スマートフォンが登場したことで、タップとかフリックとかスワイプとかいった、新たな操作体系ができたのと同じである。

また、物理的な操作系がある場合、「うっかり操作を防ぐ物理的手段」を用意できるが、タッチスクリーンだとそれができない。たとえば、「非常時にだけ使用するボタンは、普段は透明な蓋を被せておいて物理的に押せないようにする」という安全策があるが、タッチスクリーンではそれができない。

そこでGA-ASIのGCSを見ると、非常時にだけ使用するボタン(の表示)は、物理的なボタンと同様に、注意喚起の縞々模様で囲ってある。それをタップするだけでは作動しない。最初のタップは「透明な

※21：マン・マシン・インターフェイス
人間が機械（コンピュータを含む）を操作するための操作系を意味する言葉。人間が機械に対して動作を指示するためのスイッチ・レバー・ダイヤルなどの類、あるいは、機械が動作を人間に示すための計器類など、みんなマン・マシン・インターフェイスである。ヒューマン・マシン・インターフェイスともいう。

蓋を跳ね上げる」操作に相当するからだ。そこでさらにもう一度タップすると、初めて、そのボタンを「押した」ことになる。

つまり、タッチスクリーンにはタッチスクリーンなりのマン・マシン・インターフェイス※21が要るということだ。たまたま筆者はGA-ASI社のGCS以外にもいくつか、タッチスクリーン式ディスプレイを使用する操作系に接した経験がある。その経験を振り返ってみると、メーカーによって操作も画面表示も思想が違うのが面白いところだ。

GCSは訓練機材も兼用できる

GCSならではの応用に関する話を取り上げてみたい。

有人機のパイロットを訓練する際には、機体とは別にシミュレータを用意する。モーション機能がないコックピット・シミュレータから、モーション機能もビジュアル装置も完備したFFS（Full Flight Simulator）まで、いろいろなシミュレータがある。

実機を使わずに訓練できるとか、実機ではリスクが大きすぎて実施できない訓練を行えるとかいったところがシミュレータの利点だが、なんにしても実機とは別にシミュレータが要る。そして、シミュレータは実機のコックピットに似せて作る必要がある。

ところがUAVの場合、そもそも操縦装置はGCSという形で当初から外出しになっている。そのGCSと機体を無線通信でリンクすればUAVの遠隔操縦になるが、機体にリンクする代わりに機体の動作を数値的に模擬するコンピュータとリンクすれば、GCSは、たちまちシミュレータに化ける。

というよりも、どのみちシミュレータは要るのだから、シミュレータの機能を最初からGCSに組み込んでしまっても良い。すると、同じGCSが「飛行任務があるときにはGCS、飛行任務がないときにはシミュレータとしてパイロット養成用」という一人（?）二役を実現できる。

有人機のシミュレータだと、安価なシミュレータはモーション機能を省略する。モーション機能が付くのは、高価なFFSだけである。対してUAVの場合、もともとGCSから遠隔操縦するものだから、機体の動きを体感できないし、そうする必要もない。つまりシミュレータとGCSは限りなく近いのである。

GCSは電子機器の塊

　GCSは、コンピュータ、ディスプレイ、ストレージ、通信機器などを組み合わせたシステムである。そして、大型で高級なUAVに対応するGCSは、多数の電子機器を組み合わせた大がかりな仕掛けになる。当然、消費電力も発熱も増える。温度が上がりすぎると、デリケートな電子機器は使えなくなってしまう。

　そのため、GCSは単に「箱」があればよいという話にはならない。そこに収容するコンピュータ、ディスプレイ装置、通信機器などが消費する電力を供給する仕掛け、それと電子機器が発する熱に対処するための冷却装置（早い話がエアコン）も必要になる。

　しかも、想定される運用環境は幅広いから、灼熱の砂漠地帯でも使えなければならない。「機体が中東やアフリカで飛んでいても、GCSをアメリカ本国に置いておけばいいのでは?」と考えそうになるが、アメリカでも暑いところは暑い。米空軍で、MQ-1プレデターやMQ-9リーパーといったUAVの遠隔管制を担当している基地のひとつがネバダ州のインディアン・スプリングス[22]基地だが、ここは真夏だと気温が40度を突破する。

　米空軍のMQ-1プレデターでは、GCS内部の温度が上がりすぎて飛行任務がストップしたことが実際にあったらしい。機体には何の責任もなくて、GCSに付いているエアコンが故障すると任務が止まるのである。こうなると、エアコンも大事な「兵器」である、といっても過言ではなくなる。

GCSと自前で用意する電源車

　GA-ASIが2018年に、ガーディアンUAVとともに壱岐空港に持ち込んだGCSは、隣に電源車を従えた大がかりな代物だった。電源車に積み込まれたディーゼル発電機が、電子機器やエアコンの動作に必要な電力を供給する。電源車は4輪のトレーラーになっていて、牽引車を用意すれば引っ張って移動できる。

　GCSの側面には2個のコネクタがあり、そのうち片方に太いケーブルがつながれていた。これがディーゼル発電機からの電源供給用だ

※22：インディアン・スプリングス基地
ネバダ州ラスベガスの北方にある米空軍の基地。1997年に航空自衛隊のブルーインパルスが米空軍創設50周年のエアショーで展示飛行を実施した際に、現地拠点にしたことでも知られる。

ろう。現地で見てみたところ、GCSとは別に設置してあったKuバンド衛星通信のパラボラ・アンテナにも、専用の発電機を用意してあるようだった。

　発電機を自前で用意すれば、配備先となる飛行場などの施設のインフラに依存しなくても済む。もしも、配備先の施設から電力の供給を受けるとなると、それが配備先を制約することになる。また、場所によっては「24時間フルタイムで安定した品質の電力を得られるのか?」という問題も出てくるだろう。すべて自前で用意すれば、そういう心配は要らない。その代わり、発電機を動かすためのディーゼル燃料（軽油）は運び込まなければならない。

英陸軍ウォッチキーパーの場合

　これはGA-ASIの製品に関する話だが、それ以外にもUAVはたくさんある。他社のUAVはどうだろうか、ということで調べてみたところ、英陸軍砲兵隊で使用しているウォッチキーパーUAVのGCSに関する資料を見つけた。

英陸軍のウォッチキーパー。ヘルメス450をベースにした観測用UAVである

　ウォッチキーパーとは、イスラエルのエルビット・システムズが製造しているUAV・ヘルメス450に、英陸軍砲兵隊の要求に合わせたセンサー機材を搭載して、目標の捕捉や弾着観測に使用するUAVに仕立てたもの。

　そのウォッチキーパーを管制するためのGCSは、ISOコンテナに合わせたサイズになっていて、GA-ASIのそれとは違い、トレーラー式にはなっていない。だから、移動の際にはフォークリフトでトレーラーに載せる必要がある。

　GA-ASIのそれと比較するとコンパクトだが、「移動しやすい構造

にしたGCSとエアコンなどの道具立て一式に、発電機を付けてワンセット」という点は共通している。

Koji Inoue

■1は外観写真で、中央に出入口、左手に電源供給用ケーブルと思われる物体が見える。■2は内部構成図で、「UAVのオペレーターが2名、画像分析担当者が1名、通信担当者が1名、内部に詰める」との記述がある。その内部構成図を見ると、オペレーター用のコンソールに加えて、やはりエアコンらしき機材が見える。■3と■4は機体輸送用のコンテナで、主翼や尾翼を外して分解した機体をコンテナに収容する模様を撮影した写真。

GA-ASIの製品でも、あるいは英陸軍のウォッチキーパーでも、発電機とGCSは別々になっている。一体化してしまう方が合理的、と考えそうになるが、騒音を発生するディーゼル発電機がオペレーターの近くに陣取ってしまうのは嬉しくない。それに、燃料タンクのスペースも必要になる。そう考えると、発電機は外付けにする方がよさそうだ。

衛星通信を利用する場合の注意点

すでに、「アメリカ本土に設置したGCSから、衛星通信経由で遠隔地にいるUAVを管制できる」との話は広く知られている。しかしそこには、先に述べた伝送遅延以外にも、ちょっとした注意点がある。UAVに限った話ではないが、ちょうどいい機会なので書いてみたい。

静止衛星による通信の中継

通信衛星とは人工衛星に中継器（トランスポンダー[23]）を載せたもので、静止衛星を使用することが多い。

※23：トランスポンダー
送信機（トランスミッター）と応答機（レスポンダ）の機能をひとまとめにした機器。人工衛星に載せて通信を中継したり、敵味方識別のための電波による誰何に応答したり、鉄道で衝突防止のために停止すべき位置を地上から列車に送ったりと、さまざまな使われ方をするトランスポンダがある。

※24：イリジウム衛星携帯電話
同名の会社が構築した衛星携帯電話システムで、当初に計画していた衛星の数がイリジウムの原子番号（77）と同じだったことが名称の由来。一般向けの販売を企図したがうまくいかず、現在は軍をはじめとする政府機関を主な顧客としている。

※25：スターリンク
スペースX社が構築している衛星データ通信システム。低い高度に数千基もの小型衛星を打ち上げて、それらを互いにネットワーク化することで全世界をカバーしている。衛星がたくさんあるので、その一部が使えなくなってもサービスを維持できるという冗長性の高さが特徴。

※26：周回衛星
静止軌道以外の地球に近い軌道を周回する人工衛星。近いので静止衛星に比べて伝送遅延が少ない。ただし短時間で上空を通り過ぎてしまうため、通信中継に使用するためには多数の衛星の同時運用が必要となる。

地上から、衛星の中継器に向けて通信を送る。それを受けた中継器は、担当範囲内の地上に向けて同じ内容を再送信する。逆方向の通信であれば、向きが反対になるだけで、やっていることは同じだ。そして、地上から衛星に向かう通信をアップリンク、衛星から地上に向かう通信をダウンリンクという。

静止衛星は御存じの通り、赤道の真上・軌道高度は約36,000km程度のところに位置する必要がある。それにより、地球の自転と同調して動くことになるので、結果として地表から見ると静止しているように見える。この「赤道上に位置する」という点が、静止衛星を用いる通信衛星に、若干の制約をもたらしている。

静止衛星は極地が苦手

お手元に地球儀があったら、赤道の真上に視点を置いて、そこから地表を見てみて欲しい。お手元に地球儀がなければ、仕方ないのでちょいと想像力を働かせてみていただきたい。

●静止衛星と極地の位置関係

通信衛星　　約36,000km　　地球 北極 赤道 南極

地球と静止軌道上にある通信衛星の位置関係。極地へ近づくと衛星は水平線の下に沈んでしまい、通信が確立できなくなる

赤道の真上から地球を見ると、真正面の、もっとも近い場所にあるのは赤道である。緯度が上がると、赤道上にある静止衛星からの視線は、上あるいは下に移動する。そして、それとともに地表との距離が少しずつ遠くなる。

地表のうちもっとも遠く、大きな角度が付くのが北極と南極である。ということは、通信衛星からすると、真正面にあって距離が近い赤道付近は通信を行いやすく、北極や南極はその反対ということになる。

これは静止衛星ゆえの制約で、イリジウム衛星携帯電話[24]やスターリンク[25]みたいに低軌道の周回衛星[26]を使用していれば、そういう問題はない。その代わり、軌道高度が低いため、カバーできる地上の範囲が狭くなる。また、周回衛星は常に動いているから、ひとつ

の衛星が特定の地域を常時カバーするわけにはいかない。したがって、周回衛星で通信サービスを実現する際には、多数の衛星を複数の軌道に載せて地球のまわりを周回させる。

GA-ASIは2022年11月に、社有機のMQ-9Aを用いて、ノースダコタ州グランドフォークスから北極方面に進出する飛行試験を実施した。通常は静止衛星を使用しており、これは前述した制約があるため、北緯66度より北には進出が困難だとされている。そこで衛星通信事業者のインマルサット・グローバルから協力を得て、同社の周回衛星を用いて極地向けの衛星通信リンクを確保した。それにより、北緯78度31分まで進出できたわけだ。

静止衛星は東西方向の覆域が限られる

地球は球体だから、赤道上に打ち上げた静止衛星から直接見通せる範囲には限りがある。軌道高度が上がればカバーできる範囲は広くなるが、伝送遅延が大きくなるし、そもそも静止衛星として機能できる高度は限られている。

そのため、静止衛星で全世界(の東西方向)を完全にカバーしようとすると、少なくとも3基の衛星が必要とされる。東経・西経で120度ずつの間隔を置いて3基の衛星を打ち上げれば良い、という話になるが、赤道上空の軌道位置は争奪戦が激しいので、理想通りの位置に置けるとは限らない。

すると何が問題か。静止衛星は前述したように、地上から衛星に向かう通信(アップリンク)と、それを中継して地上に向けて送り返す通信(ダウンリンク)で成り立っているが、それによって通信する双方の当事者とも、同じ衛星のカバー範囲内にいる必要がある。先に挙げた「120度ずつの間隔」の話からすると、たとえば経度が180度違う2地点間の通信を、ひとつの通信衛星でカバーすることはできない。

日本標準時は東経135度だから、そこを中心として経度で120度の範囲というと、東西に60度ずつ、すなわち東経75度から西経165度までとなる。日本をカバー範囲内に納めている静止型通信衛星を使って大西洋上から衛星中継をやろうとしても、大西洋上からは当該衛星が視界内にないことになる。

※27：マホメットと山の話
マホメット（ムハンマド）が山に「こっちに来い」と言ったが来ないので、マホメットが山の方に歩いて行ったという故事。転じて、「相手が来てくれなければ、こちらから行く」という意味で使われる。

この制約に対処する方法は2種類ある。

ひとつは、地上局の位置を変えること。アメリカが最初にMQ-1プレデターをアフガニスタンで飛ばしたときに用いた方法がこれだ。

具体的にいうと、アフガニスタンをカバー範囲内に納めているKuバンド対応の通信衛星をひとつ確保して、それに対応する地上局を（アメリカ本土ではなく）ドイツ国内に置いた。そして、ドイツ国内の地上局とアメリカ本土のGCSの間を光ファイバー回線で接続した。「マホメットと山の話※27」ではないが、山（通信衛星）がこっちに来てくれなかったので、地上局の方から衛星のカバー範囲内に出張ったことになる。

もうひとつの方法は、軌道上にいる通信衛星同士をリンクすること。先の例でいうと、アメリカ本土のGCSは、アメリカ本土をカバー範囲内に収める通信衛星とやりとりする。一方、アフガニスタン上空を飛んでいるUAVは、アフガニスタンをカバー範囲内に収める別の通信衛星とやりとりする。そして、2基の通信衛星同士を直接接続して、両者の間で通信を中継させる。すると通信の流れは「GCS→アップリン

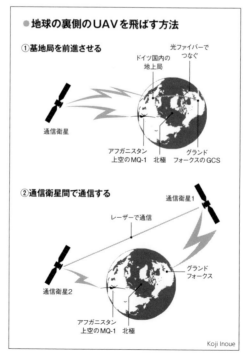

● 地球の裏側のUAVを飛ばす方法

①基地局を前進させる

光ファイバーで
つなぐ

ドイツ国内の
地上局

通信衛星

アフガニスタン　北極　グランド
上空のMQ-1　　　フォークスのGCS

②通信衛星間で通信する

通信衛星1

レーザーで通信

グランド
フォークス

通信衛星2

アフガニスタン　北極
上空のMQ-1

Koji Inoue

作戦地であるアフガニスタンとGCSのある米本土グランドフォークス空軍基地は、ほとんど地球の裏と表。このように通信衛星のカバー範囲を出てしまう場合は、①基地局を前進させるか、②通信衛星同士を通信で結ぶかする必要がある

ク→衛星1→衛星間リンク→衛星2→ダウンリンク→UAV」（またはその逆）となる。

これなら、地上で基地局を出張させたり、基地局同士を結ぶ回線を用意したりする手間はかからない。しかし、十分に高い伝送能力を備えて、かつ信頼性が高い衛星間リンクを実現しなければならない。そこで、衛星間リンクに電波ではなくレーザー通信を使おうという話が出てくる。地表と違い、大気がない宇宙空間ではレーザー・ビームの劣化は少ないから、光通信による衛星間リンクは比較的実現しやすい。

もちろん、ここまで述べてきたのは「アメリカ本土からアフガニスタン上空のUAVを管制する」みたいな極端な事例だから、GCSとUAV運用地域の距離がもっと短ければ、何も問題はない。たとえば、南西諸島の上空を飛んでいるUAVを東京に据え付けたGCSから遠隔管制するのなら、同じ通信衛星で用が足りる。

地上でのUAVの移動・取り回し

クルマの試乗記で「ハンドリング」というと「操縦性」の話だが、ここでいうところの「ハンドリング」は「機体の取り回し」という意味。固定翼機は有人・無人を問わず、地上では自力でバックできないことが多いので、外部からのアシストが必要になる。では、有人機と無人機では何か違いがあるのか。

壱岐空港におけるガーディアンのハンドリング

GA-ASIが2018年5月に壱岐空港でガーディアンの飛行試験を実施したときに、地上でのハンドリングの様子も垣間見ることができた。

この飛行試験に際して、機体を格納して風雨から保護するとともに整備を行うため、駐車場のスペースを使って仮設格納庫を設けた。そこは駐機場や滑走路といった、いわゆる制限区域の外にあたるスペースで、境界にはフェンスがある。

そこで、機体を出し入れする際にはフェンスを開けて、通り道を確

※28：UCAS-D
「無人戦闘航空システム実証機」の意。米海軍が、空母に搭載する無人戦闘用機の開発を企図して立ち上げた実証プログラム。単に無人で飛んで兵装を発射するだけでなく、空母からの発着艦を行うことが技術的チャレンジとなった。

保した。もともと飛行機が行き来するためのスペースではないので、障害物を避けるように通り道を確保したり、路面に鉄板を敷いたりしていた。後者は、路面の凸凹を均すためだろう。

旅客機が空港のスポットから出る際にはバックしなければならないので、トーイングカーで押してもらう。ではガーディアンはどうしたかというと、機首を滑走路側に向けて格納庫に収めてあり、出るときにはそれをトーイングカーで曳き出す。

壱岐空港に設けた仮設格納庫と、そこに収まったガーディアン。首脚にトーバーが取り付けられている様子が分かる

ということは、格納庫にはバックで入れなければならない。そこで、着陸して駐機場まで戻ってきたら、トーイングカーで仮設格納庫の前まで引っ張って来る。この段階ではまだ、機体は格納庫に正対しており、滑走路には尻を向けている。

そこでトーイングカーをトーバーから外す。そこから先は、なんと、地上スタッフが何人か、降着装置に取り付いて人力で押していた。狭い場所で方向転換しなければならないので、人力に頼る方が無難ではある。

まず、地上スタッフの一人がトーバーを手に持ち、首脚の車輪の向きを変える。そして、他の地上スタッフが主脚を押したり、機首を側面から押したりして、方向転換する。機体が180度向きを変えたところで、人力で押してバックさせて、仮設格納庫に押し込む。

X-47Bは間近に人が立って操作する

陸上ではなく、空母の艦上でUAVを飛ばした事例もある。この場合にも、艦上を移動する際のハンドリングという問題が出てくる。

それが、米海軍がUCAS-D[28](Unmanned Combat Air System

Demonstrator)計画の下で手掛けた無人戦闘用機の技術実証機、X-47Bだ。担当メーカーはノースロップ・グラマン。X-47Bはステルス性を持たせた固定翼機で、有人の艦上機と同様にカタパルトで発艦して、着艦拘束ワイヤで行き脚を止める形で着艦する。YouTube上には、空母「ジョージ H.W.ブッシュ」(CVN-77)艦上からX-47Bが発艦する模様を撮影した動画がある。[29]

※29:X-47B発着艦動画

https://youtu.be/_FMvN
rkwmi0

飛行中のX-47B。無人機なのに空中給油まで行えるのだから、ビックリである

　では、駐機位置から発艦位置に移動したり、着艦して行き脚を止めた後で駐機位置に移動したりするときには、どうやるのか。

　MQ-1、MQ-9、RQ-4などの機体は、機首カメラのライブ映像を見ながら、GCSに陣取ったパイロットが遠隔操縦でタキシングさせる。機種によっては、タキシングや離着陸まで自動化している事例もある。

　ところが、空母の艦上から発着するX-47Bは違う。飛行甲板上、機体の近くにオペレーターが立って、手に持ったコントローラで、機体と周囲の状況を見ながら遠隔操縦したのだ。

　思うに、これは狭くて混み合っている空母の飛行甲板上だから、ではないだろうか。機首に付いているカメラは前方しか見えないから、周囲の状況を完全に把握できない。それなら、機体の全周に向けてカメラをたくさん取り付けるよりも、機体の横に人が立って様子を見る方が確実だ。

　それに、空母の飛行甲板では機体の誘導を担当する要員がいる

X-47Bを艦上で遠隔操作するノースロップ・グラマンの担当者。右手で操作しているのがコントローラ

※30：アドホック・ネットワーク
固定的な内容のネットワークではなく、その場その場で必要に応じてノード（通信に参加する端末機器）が加わったり退出したりできる、動的に構成が変化するネットワークのこと。

から、そちらとの連係も必要になる。誘導員が出すハンドシグナルを、X-47Bの近くに立っているオペレーターが直接、目視できる方が間違いが起こらない、という考えもあったのではないか。

次世代高速データリンクで遠隔操作

面白いのは、そのオペレーターが持っているコントローラと、X-47Bを結ぶ通信手段。なんと、米軍の次世代高速データリンク、TTNT（Tactical Targeting Network Technology）を使ったそうだ。

TTNTの名前を逐語訳すると「戦術用途の目標指示ネットワーク技術」となる。その名の通り、本来は彼我のユニット（航空機や艦艇など）の位置情報をはじめとする、戦術状況や目標指示に関わる情報をやりとりするためのデジタル・データリンクだ。それを流用して、X-47Bのリモコン通信手段にしてしまった。また、艦とX-47Bの間で情報をやりとりする場面にもTTNTを使用した。

担当メーカーのロックウェル・コリンズ（現コリンズ・エアロスペース）によると、TTNTを使った理由は「遅延が少なく、精確な航法と、アドホック・ネットワーク※30の構築を実現できるから」ということらしい。遠隔操作のためのネットワークと、戦術情報をやりとりするためのネットワークを別々に用意するよりも、戦術情報用のネットワークに遠隔操作の機能も載せてしまう方が合理的、という考えもあったのだろう。

ちなみに、いきなりX-47Bで試したわけではなくて、まずF/A-18Dホーネットを1機用意した。そして、そのホーネットにX-47Bで使用するアビオニクスのサブセットを搭載、これをX-47Bに見立ててTTNTで遠隔操作する形で実証試験を実施した。X-47Bの実機で飛行試験を実施したのは、その後だ。

艦上でのヘリコプターの移動に遠隔操作式牽引車

後で述べるが、X-47Bは後が続かず、空母搭載用の無人戦闘用機は実用化事例がない。艦上UAVというと、MQ-8B/CファイアスカウトやカムコプターS-100といった回転翼UAVを、偵察・監視用途

に使用しているぐらいだ。

　ところが意外なところで、無人モノが艦上で使われている。それが、牽引車。普通、牽引車というと人が乗って走る小さな車両だが、もっと小型で無人化したものを作り、遠隔操縦で動かすのだ。民間でも全日空が佐賀空港で似たようなものを使い始めているが、艦上で使用するものはヘリコプターの移動用だから、もっと小さい。

　たとえば、2018年8月に晴海埠頭に帰港して一般公開を実施、フレンドリーな応対ぶりで大人気を博した英海軍の揚陸艦「アルビオン」では、ダグラス・エクイップメント製の「RAM」という製品を使っていた。充電池で動作する電動式で、手に持ったコントローラで操作する。

英揚陸艦「アルビオン」の艦上で使用している、遠隔操縦式のヘリコプター移動機。右上にコントローラが置かれているのが見えるだろうか

　実は、海上自衛隊のヘリコプター護衛艦でも同様の製品を使用している。以前の「はるな」型や「くらま」型は、着艦拘束装置※31と組み合わせた移送用レールで機体を前後に移動するだけだったが、今のヘリコプター護衛艦は空母型だ。すると、飛行甲板や格納庫甲板で機体を自由に移動できる手段が必要になる。そこで、場所をとらない無人の小型搬送機材を使用するようになったのだろう。

※31：着艦拘束装置
ヘリコプターの場合、揺れる艦上にヘリコプターを安全に降ろす目的で、ヘリコプターから垂らしたケーブルを艦側の機器で捉えて強制的に引き下ろす装置のこと。そうやって捉えた機体を格納庫に移動したり、格納庫から曳き出したりする仕掛けがワンセットになっていることもある。空母に固定翼機を降ろす際に、機体の尾部に取り付けたフックをワイヤーにひっかけて強制的に行き脚を止めるが、その装置も着艦拘束装置という。

US Navy

第3部
UAVで何ができるか

UAVに限ったことではないが、何か目新しい製品が出てくると
「あれもできます、これもできます」と吹聴して夢を売る人が出てくる。
メーカーとしては販路を広げたいから、そうやって宣伝するのも無理からぬところがある。
しかし、向き・不向きを考慮しないといけないし、
無理に何かの用途に押し込めようとしても定着しない。
では、UAVにできること、UAVに向いていることとは何か。

※1：与圧
高度が高くなると気圧が下がるが、それでは人間が生存できない。そこで、高空を飛行する航空機では機内の気圧を高めて、人間が生存できるようにしている。旅客機の場合、高度1万メートルぐらいまで上昇しても、機内の気圧は高度2千メートル程度に相当する値に保たれる。

UAVに向く任務

軍民の双方でUAVの利用が広まってきている…ように見えるが、実用になっている分野は意外と多くない。まず、有人機と比較したときのUAVの利点を確認したい。それが、UAVに向く分野が何なのかを考える参考になるはずだ。

UAVの利点：機体構造がシンプル

高度が高くなるほどに気温が下がり、気圧も低くなるが、それでは人間は生存できない。そこで、旅客機は機内を与圧※1している。日本航空を例にとると、「巡航時で約0.8気圧程度、標高約2,000mと同じ環境。機内酸素分圧（空気中の酸素の圧力）も地上の80%程度」。

すると、機内を与圧するための仕掛けが必要になるほか、機体の内外で発生する圧力差に耐えられるように、機体を強固に造らなければならない。しかも圧力差が加わったり、なくなったりということの繰り返しになるので、繰り返し荷重による素材の疲労も考慮する必要がある。

ところがUAVは人が乗らないから、そのためのスペースは必要なくなる上に、生命維持のための与圧装置なども必要なくなる。すると必要なメカが減るだけでなく、機体構造にかかる負担も少なくなる。

UAVの利点：長時間運用が可能

人が乗っていると、眠くなったりお腹が空いたりトイレに行きたくなったりする。そのための道具立てをすべて整えているのは旅客機だが、軍用機でも何かしらの工夫は必要になる。

ところが、人が乗っていないUAVであれば、こうした「乗っている人のための設備」はまったく要らない。だから、エンジンとと燃料搭載量が許す範囲であれば、相当な長時間飛行が可能になる。

GA-ASIの製品を例にとると、MQ-1Bプレデターで24時間、MQ-9Aリーパーで27時間、MQ-9Bスカイガーディアンで40時間超

との数字が示されている。これぐらい長時間の飛行が可能であれば、特定の空域をぐるぐる回りながら監視・偵察する使い方に向いている、といえる。

MQ-9Bスカイガーディアン。40時間を超える飛行が可能だが、対気速度は210KTAS（389km/h）なのでターボプロップ輸送機よりも遅い

GA-ASI

　ただし速度はあまり速くないことが多いので、航続時間が長い割には航続距離が長くない。これが何を意味するかというと、離着陸する拠点と監視・偵察の対象地域/海域が離れていると、行き来に時間がかかるということだ。この問題については第4部で触れる。

UAVの利点を活かせる用途：ISR

　こうしたUAVの利点がもっとも活きる用途とは何か。それはやはり、第2部でも言及したISR（情報収集・監視・偵察）ということになる。「何かいないか」と鵜の目鷹の目で地上あるいは洋上の状況を見張りながら、グルグルと周回飛行を行う任務。もしも何かターゲットを見つければ、今度はその後をつけ続けることになる。時間がかかる上に辛気くさい（おい）任務だが、それこそ長時間飛行が可能な無人機向きの任務である。

　もちろん、UAVが勝手に飛んでいるわけではなく、GCSにはパイロットやセンサー・オペレーターがついていなければならないが、こちらは適宜、交替すればよい。機体を飛ばしたまま、パイロットやセンサー・オペレーターだけ交替できるのはUAVの利点だ（有人機なら、交代要員も一緒に乗せて飛ばさなければならない）。

　なお、MQ-1やMQ-9のような武装UAVがうまれたのは、「見つけたターゲットをその場で攻撃してしまいたい」という事情があるからで、いってみればISRに付随する任務といえる。

※2：ロイヤル・ウィングマン
日本語では「忠実な僚機」と
訳される。戦闘機は2機、ある
いは4機といった組み合わせ
で動くものだが、その際に編
隊を率いる「長機」と随伴す
る「僚機」ができる。その僚機
を有人機ではなく無人機にす
るのがロイヤル・ウィングマ
ン。

UAVの利点を活かせる用途：MUM-T

次に、「墜とされても人命が失われない」。これを活かす一例が
MUM-T (Manned and Unmanned Teaming)、つまり有人機と
UAVでチームを組ませる運用だ。

敵地に突っ込んで情報を盗ってくるとか、敵が護りを固めている危
険なターゲットを攻撃するとかいう任務はUAVにやらせる。一方で、
UAVのセンサーで得た情報を評価・検討する、攻撃の意思決定を
して実行する、といった人間でなければできないことは有人機の搭
乗員が担当する。有人機は相対的に安全な後方に引っ込んでいれ
ばいい。

つまり、有人機とUAVのメリット・デメリットをうまいこと分担させ
ようという発想。米陸軍では、AH-64Eアパッチ・ガーディアン攻撃
ヘリにMQ-1Cグレイ・イーグルUAVを組ませるMUM-Tを導入し
ている。近年になって話題になることが増えた「ロイヤル・ウィングマ
ン※2」(loyal wingman すなわち"忠実な僚機")も、MUM-Tの一種
といえる。これは、戦闘機に武装UAVを組ませて、危険な任務を後
者に分担させる形態だ。

❶早い時期からMUM-Tに取り組んだ事例が、米陸軍におけるAH-64E(右)とMQ-1C(左)の組み合わせ。写真はユタ州のダグウェイ実験場で行われた訓練のひとこま ❷ロイヤル・ウィングマンUAVのイメージ図。戦闘機とMUM-T(有人・無人機チーム)を構成して、危険な任務に率先して投入される

UAVの利点を活かせる用途：通信中継

第4部で詳しく取り上げるが、通信衛星の代わりに通信中継を担
当する使い方もある。かなり昔から「あれもできます、これもできます」
のリストには入っていたが、2020年代に入ってからようやく、実用化
する話が出てきたものだ。

通信衛星でも同じことができるが、UAVの方がコストが安いし、低空を飛ぶ分だけ伝送遅延が少なくなる。ただしカバーできる範囲も狭くなるので、「見通し線範囲外だが、比較的近距離」が通信中継用UAVの領分となる。そして中継機は常に在空していてくれないと意味がないから、長時間飛行が可能なUAVにこそ向いている。

操縦者は年齢不問

UAVは地上からGCSを用いて遠隔操縦したり、あるいは機上コンピュータを用いて自律飛行したりする。すると、飛行に際してかかる身体面の負担も発生しない。戦闘機で機動飛行を行えば、パイロットの肉体には大きな負担がかかるが、UAVで激しい機動を行ったところで（それができるかどうかはまた別の問題）、GCSについているパイロットは平気である。

実際、GA-ASIでガーディアンの飛行試験を担当したパイロットの中には、驚くなかれ、年齢が70歳を超えている人がいると聞いた。

有人機に乗るよりも少ない肉体的負担

もちろん、単純に「歳を食っていてもOK」というわけではない。操縦の技量、機体やGCSをはじめとする各種システムに関する理解と習熟、反射神経などといった要件を満たしていなければならないのは当然のこと。しかし、年齢や身体的負担「だけ」を理由にコックピットから離れなければならない、という事態を避けられる素地はあるわけだ。それによって優秀な人材を維持できれば、ありがたい話である。

ここで、話はいったんUAVから離れる。

航空法の定めにより、パイロットは定期的に航空身体検査を受けることが義務付けられている。その概要や内容については、一般財団法人 航空医学研究センターのWebサイトが参考になるだろう。

この検査、一度受ければOKというわけではなくて、有効期限がある。期限内に検査を受け直して、基準を満たしていることを確認できなければ、操縦ができなくなってしまう。空の安全を守るための施策

※3：スプリット・オペレーション
UAVを運用する際に、「機体の整備と離着陸を担当する設備・人員」と「飛行中の機体に対する操縦、センサー機器の操作、（武装している場合には）交戦を担当する設備・人員」を、別個の場所に配置して別個に行うこと。

のひとつとして、こういう仕組みがあるわけだ。ただし、いったん検査で不合格になったら未来永劫にわたって操縦できなくなるわけではなく、その後の検査で基準を満たしていることが確認できれば復帰も可能であるらしい。

いずれにしても、これは有人機を操縦する場合の話である。実のところ、操縦している最中に倒れられたら困るのはUAVでも同じだから、なにがしかの健康管理が必要になるのは当然であろう。

ただしUAVでは、G（加速度）による負担がかかるとか、地上より気圧が低い場所で長時間にわたって勤務するとかいうことがない。だから、身体にかかる負担は軽くなる。そうした環境の違いを考慮に入れた上で、有人機と比較して「基準を変えてはならない分野」と「基準を変えても差し支えがない分野」を洗い出して、UAVの操縦者に合わせた身体検査の基準を設ける必要があるのではないか。

「高齢になってもUAVを操縦できるように基準を緩めよう」なんていう方向になれば、それは問題である。結論が先にあって、それに合わせて基準を緩めるのでは話の順番が逆だ。しかし、「UAVの運用環境に合わせた新たな基準を策定した結果として、有人機のコックピットを降りた人でもUAVなら操縦できる機会ができる」ということであれば、それはよいのではないか。

もちろん、あれこれ検討した結果として「有人機と同じ基準で行きます」となる可能性もある。ちゃんと検討した結果としてそうなるのならば、それはそれでいいのだ。

勤務地のメリットと大きな精神的負担

アメリカ空軍では、MQ-9リーパーをアメリカ本土から遠隔運用する形が常態化している。もちろん、機体は作戦地域に近い前線飛行場に展開しており、離着陸を担当するための要員と、そのための機材、それと整備員は現地に展開する必要がある。

しかし、いったん機体が離陸して作戦地域への進出経路に乗ると、前線飛行場のGCSは管制を手放して、アメリカ本土にいるオペレーターが引き継ぐ。これは機体の操縦もセンサーの操作も同じである。後で述べるスプリット・オペレーション[3]だ。

ということは、世界各地・異なる複数の場所でMQ-9を運用していても、管制はアメリカ本土の同じ場所でまとめて行える理屈になる。現役部隊であれば、ネバダ州ラスベガス北方にあるクリーチ空軍基地の第432航空団(432nd Wing)が担当している。だから、オペレーターは自宅からクリーチ基地に通勤して任務に就き、任務が終わったら自宅に帰る。

クリーチ空軍基地の風景。画面右手にMQ-9リーパーのGCSが見える。戦場と自宅を毎日行き来する職場環境だ

　ところが、戦闘任務を担当するMQ-9の場合、平和な自宅とGCSの中の「戦場」を毎日のように行ったり来たりすることが、却ってメンタル面で大きな負担になっているという。この話は第4部で、少し詳しく取り上げてみたい。

　それと比べると、民間向けの機体の方が問題は少なそうだ。

　たとえば、日本でガーディアンを導入して南西諸島方面、九州西方、日本海、といった具合に複数の哨戒点を設定する場面を想定する。展開するエリアが広範囲にわたっても、GCSまで各地に分散配備する必要はない。極端な話、東京の街中に置いておいてもいい。すると、機体の配備・運用場所と、パイロットやセンサー・オペレーターの勤務場所を分離できる。それなら、機体の配備先に転勤しなくても済むのだ。有人機にはできない芸当である。

UAVによるISRオペレーション

　軍用UAVがもっとも広く用いられている分野はISRだが、それを実現するには探知手段、つまりセンサーが必要だ。具体的に、どんなセンサーをどんな形で搭載して、どんな風に利用しているのか。

※4：ストリーミング
動画の配信でおなじみの技術で、ネットワークを通じて連続的に、動画を構成するデータを順次送受信するもの。DVDやブルーレイは、動画を構成するデータをひとかたまりのファイルにして、ディスクに記録したものをやりとりしているが、それと対比される概念。

※5：海洋法執行機関
法執行機関とは、法律に基づき、強制力を伴った実働を行う国家機関の総称で、分かりやすいのは警察。そして、海洋を対象とするのが海洋法執行機関。日本の海上保安庁や、アメリカの沿岸警備隊が典型例。

※6：MTS-B
レイセオン（現RTX）が手掛けている電子光学センサーのひとつ。可視光線や赤外線といった具合に、異なる領域の映像に対応するセンサーを組み合わせているのが、マルチスペクトラルという名称の由来。同じ対象物でも、可視光線は見た目、赤外線は温度の高低を映像化するため、見え方が違う。それを組み合わせることで、単独の映像だけでは分からないことが分かる（こともある）。

ISRの主流は映像情報である。静止画も動画もあるが、動画のストリーミング配信※4による "実況中継" がメインだ。ところが、見たものをその場で捨ててしまうのならともかく、軍事作戦に用いるものであれば、証拠として記録・保存・分析・活用する必要がある。

ガーディアンとシーガーディアンの概要

まずは、日本と縁があって身近な機体だから、という理由で、GA-ASIのガーディアンやシーガーディアンが搭載するセンサー機材を見てみることにする。

GA-ASIが公表しているシーガーディアンの主要諸元は、以下の通り。

2018年に壱岐空港に持ち込まれたガーディアン（登録記号N308HK）

翼幅79ft（24m）、全長38ft（11.7m）、最大離陸重量12,500lb（5,670kg）。ハネウェル製のTPE331-10ターボプロップ・エンジンを1基搭載、6,000lb（2,721kg）の燃料を搭載し、航続時間は30時間超、発電能力は45kVA。ペイロード4,800lb（2,177kg）のうち機内搭載分は800lb（363kg）で、主翼と胴体の下に9ヶ所のハードポイントがある。

ガーディアンの一族は、軍ではなく、海洋法執行機関※5など民間部門での運用を想定している。だからMQ-9リーパーと違って非武装である。搭載している主なセンサー機材はどんな陣容か。

まず、レイセオン（現RTX）製の電子光学/赤外線センサー・MTS-B※6（Multi-Spectral Targeting Systems Model B）。MQ-9リーパーが搭載する電子光学/赤外線センサーもMTS-Bという。ただ、MQ-9のMTS-Bは秘匿度が高く、輸出規制も厳しい。一方で、ガーディアンは軍ではなく民間向けの製品だから、同じMTS-Bでも両者

は別物であろう。

　そのMTS-Bは、機首下面に突出した球形ターレットの中に、可視光線映像を撮影するためのテレビカメラと、赤外線映像を撮影するための中波長赤外線センサーを組み込んである。ターレット自体が旋回・俯仰できるので、機体の姿勢や進行方向と関係なく、下方の任意の方向にカメラを向けて、動画による実況中継を行える。

　後部胴体下面の大きな張り出しには、レイセオン（現RTX）製のSeaVueマルチモード・レーダーが収まっている。半径200kmの範囲で、最大5,000の水上目標を同時に捕捉・追跡できるという。詳しい機能については後述する。

　もうひとつ、いかにも海洋監視機らしいのが、船舶自動識別システム（AIS：Automated Identification System）の受信機。AISとは、一定の条件に該当する船舶に搭載が義務付けられている機器で[※7]、航行中は船名、所属、位置、針路、速力、目的地といった情報をVHF無線で放送している。それを受信するためのアンテナを、主翼の下面に取り付けている。

　シーガーディアンが搭載するセンサー機器の陣容も、壱岐空港に

※7：AISの搭載義務
国際航海を行う場合には300総トン以上。国内航海を行う場合には500総トン以上、そして国際航海を行うすべての客船に搭載義務がある

[1]飛行中のガーディアンを下から見上げると、こんな按配になる。センサー・ターレットを下向きにすると下方の様子が分かるのだと理解しやすい [2]ガーディアンは非武装で、主翼下面にはAISのアンテナが付いているだけ。胴体下面にはSeaVueレーダーを搭載しており、そのアンテナをカバーする大きなフェアリングが付いている。[3]MQ-9リーパーは主翼下面に兵装パイロンを持つ一方で、胴体下面には何も取り付けていない。ベースとなる機体が同じでも、用途が変われば外形まで変わる

持ち込まれたガーディアンと同様で、AN/APS-148 SeaVueレーダー、AIS受信機、電子光学/赤外線センサーといったところ。

複数のセンサーを連携させる

通常はSeaVueレーダーで、洋上を行き来する艦船の動向を監視する。それとともにAIS受信機で識別情報を取得する。もしも不審な艦船がいた場合には接近して、電子光学/赤外線センサーで現物を確認する。この辺のオペレーションは、壱岐で飛んだガーディアンでも、八戸で飛んでいるシーガーディアンでも同じだろう。

ガーディアンやシーガーディアンのキモは、これらのセンサー機材がそれぞれ単独で機能するのではなく、互いに連携するところにある。

たとえば、SeaVueレーダーは単に洋上の移動目標を探知できるだけでなく、連続して捕捉・追尾することで、どの探知目標がどちらに向けて、どれぐらいの速度で航行しているかを知ることができる。GCSのレーダー画面では、探知目標を示す「○」に、針路と速力を示す「ヒ

Koji Inoue

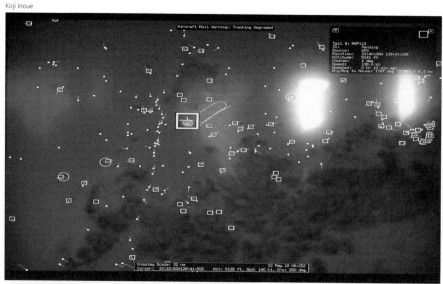

ガーディアンからGCSに送られてきたSeaVueレーダーの探知情報を、大画面テレビに表示した様子。背景の映り込みが少々邪魔だが、多数の探知目標がいる様子は見て取れる。表示しているエリアは玄界灘で、中央やや左上が壱岐島。四角で囲まれたブリップがガーディアンの位置

ゲ」が生えた形で表示される。

　そこで、2隻のフネが徐々に接近してきて、並んだところで停止した
とする。すると、北朝鮮がらみで問題になっている「瀬取り^{※8}」を行っ
ている可能性が疑われるかも知れない。

　そこでGCSのコンソールについているセンサー・オペレーターが、
レーダー画面で当該目標を選択して「映像の表示」を指示する。する
と、機首の下面に取り付けられたMTS-Bのターレットが旋回・俯仰
して、当該目標を指向する。そしてライブ映像の撮影が始まる。

　レーダーで、自機から探知目標を見るときの方位と距離の情報が
得られるから、その情報をMTS-Bに渡せば、MTS-Bは「どちらを向
けばいいか」を即座に知ることができる。だから迷ったり手間取った
りすることなく、迅速に捕捉できる。

※8：瀬取り
洋上で船から船へ船荷を移すこと。最近は北朝鮮が日本海などにおいて石油等の瀬取りを行っており、経済制裁を課す各国からの監視対象となっている。

Koji Inoue

こちらは、ガーディアンの光学センサーで映した目標船舶のライブ映像

　空を見上げていて、「飛行機が飛んできた」といって望遠レンズ付
きのカメラを指向するときのことを考えてみて欲しい。望遠レンズは
画角が狭いから、狙った被写体をパッと捉えるのは意外と難しい。そ
れと同じ問題を、レーダーとの連携によって解決している。

　また、不審な動きをしている船舶を見つけたときに、正体を知りた
ければ、GCSのコンソールについているセンサー担当のオペレーター
が、レーダー画面で当該目標を選択して「AIS情報の表示」を指示す
る。すると、AIS受信機がデータを表示してくれる。

　レーダーから得られた位置情報とAISの送信データに含まれる位
置情報を照合すれば、周辺海域にいる受信できる多数の船舶による
膨大なAISデータの中から、狙った探知目標のものを拾い出せる。も
しもAIS送信機に細工をして位置情報を偽っていれば、「いるはずの
フネがいない」という矛盾が生じるから「怪しい」と分かる。

※9：逆合成開口レーダー
英略語は「アイサー」と読む。レーダーは、放った電波が対象物に当たって反射してくることで探知を成立させる機器だが、その対象物が動いているときには、動きによって反射波の内容が変動する。その変動を調べることで、対象物の形状などを知る材料が得られる。そうした機能を持つレーダーのこと。

※10：オンステーション
主として、哨戒機や偵察機が任務担当空域に留まることを指す。残燃料が少なくなると基地に戻らなければならない。

AISデータには船舶のサイズに関する情報が含まれているが、それを偽っていても見破る手段がある。SeaVueレーダーの逆合成開口レーダー[※09]（ISAR：Inverse Synthetic Aperture Radar）機能を使ってサイズを調べるのだ。ISARのデータやMTS-Bのセンサー映像で「大型の貨物船」だと分かっているのに、AISデータが「小さな漁船」となっていたら、それこそ不審船である。

洋上監視飛行と所要機数

海上保安庁は2020年10月に実施した八戸航空基地での飛行試験に続いて、2022年10月から1機体制でシーガーディアンによる監視飛行を開始、さらに2023年5月から3機体制とした。この3機という数字について考えてみる。

シーガーディアンの航続時間は30時間超とされているが、当然ながら余裕は持たせなければならない。たとえば、八戸航空基地から硫黄島付近まで進出する場合、行き来に要する時間が片道7時間、さらに10時間のオンステーション[※10]が可能と見積もられた。トータル24時間ぐらいのフライトになる。

そこで、この数字に基づいて簡単な「運用表」を作ってみたところ、3機あれば24時間フルタイムのオンステーションが可能という計算になった。切れ目が生じないように、交代に際して1時間の重複時間を設けても、ターンアラウンドタイム（基地に戻ってから再発進するまでの時間）を3時間は確保できる計算。その間に整備・点検と燃料補給を行うわけだ。

進出距離による部分もあるが、ひとつの海域をフルタイムで常続

Koji Inoue

2020年に行われた実証試験で、八戸航空基地に着陸するシーガーディアン（登録記号N190TC）。現在は八戸航空基地を拠点に3機のシーガーディアンが運用されている

監視しようとすれば、3機が必要との見立てになる。それを反映したのが3機体制。もちろん、複数の海域をフルタイムでカバーしようとすれば、必要な機数は増えるのだが。

　海上保安庁の場合、機体はGA-ASIの所有で、運用も同社の要員が担当している。海上保安庁の担当者がGCSに詰めて、どこを監視して欲しいという指示を行い、得られたデータを“買う”わけだ。ちなみに、かかる費用は年間40億円程度だという。

▍陸上監視は光学センサーと赤外線センサーが主流

　では、陸上の監視はどうか。こちらは光学センサーや赤外線センサーの映像で監視する場面が大半となる。

　大型で高級なUAVは、高いところを飛びながら広い範囲を監視したり、特定の地点や範囲を長時間にわたって見張り続けたりする。それに対して、最前線の歩兵部隊で使用するような、小型で安価なUAV、たとえば先に紹介した「ブラック・ホーネット」みたいな機体は、目の前の敵陣、あるいは市街戦なら建物の中を偵察するような使い方をする。敵に見つかって墜とされたり壊されたりするかも知れないが、その前に必要な映像を送ってくれれば用は足りる。

　なんにしても、陸上ではAISのような仕組みはないので、用いるセンサーの陣容はシンプルになる。主流は以下の3種類だ。
- 電子光学センサー
- 赤外線センサー
- 合成開口レーダー

　しかし、相手が人間だったり車両だったり陣地だったりとさまざまだから、映像から必要な情報を読み取るところでは、違った難しさがある。特に赤外線映像は、可視光線映像と比べると解像度が低い。

　また、映像を送ってきても、それがどこの映像なのかが分からなければ役に立たない。たとえば「敵兵が逃げ込んだのは、青い屋根の二階建て民家だ!!」といったところで、青い屋根の二階建ての民家がいくつも建っていたら区別ができない。

　ところがよくしたもので、UAVは航法のために測位システムを持っていて、現在の緯度・経度・高度は常時分かる。そこからどちらの

方向に向けてセンサーを指向したかが分かれば、センサーが見ている場所の緯度・経度も幾何学的に計算できる。その情報を動画に付けてやれば、どこを撮影している動画なのかが分かる。

データ処理をどうするかという問題

お手元のスマートフォンでファイルのサイズを見比べてみれば一目瞭然だが、静止画と比べると動画のファイルは桁違いに大きい。つまりデータ量が多い。

また、ガーディアンが搭載するSeaVueレーダーは同時に5,000個の探知目標を扱えるという。大量の探知目標を扱えるということは、探知データの量も膨大になるということである。洋上にいる大量の艦船について、何時間も捕捉・追尾していれば、結構なデータ量になる。

レーダー探知に紐付ける形でAISのデータや電子光学センサーの映像を加えれば、さらにデータ量が増える。すると、「データの山に埋もれてしまって、分析が追いつかない」という問題が発生する。

SeaVueレーダーで連続的に追跡すれば、個々の探知目標がどこから来てどこに向かっているかを個別に把握できる。一般的な航路から外れた妙な動きをする探知目標は「怪しいぞ」ということになる。しかし、「普通ではない」ことが分かるのは、何が普通なのかが分かっている場合に限られる。それがなければ、比較対象がないから、怪しいもなにもあったものではない。

なんのことはない、ビッグデータの解析という問題である。

先に、センサー同士の連携が役立つ例として挙げた「瀬取り」捕捉にしても、「他の船舶がいない空いている洋上で近接した2隻のフネが、どこから来て、どこに向かっているか」が分かって、初めて役に立つ。しかし、レーダー探知のデータを連続的に人が目で追いながら、パターンを識別したり、怪しいパターンで動く探知目標を拾い上げたりするのは大変な仕事だ。日本近海のように混雑した水域では、人手に頼る処理は非現実的である。

「うっそお」と思ったら、「MarineTraffic」で、どこか日本近隣の海域を見てみて欲しい。呆れるぐらい多くの船舶がいる様子が分かる。

これを個別に人間の眼で追って解析しろといわれたら、やる気になるだろうか?

　ではどうするかといえば、コンピュータを援用してデータ分析を受け持たせる、というところに落ち着く。

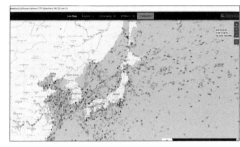

「MarineTraffic」の表示例。航行・停泊する船舶のライブマップを見ることができる。小さな矢羽や○はすべて船舶で、縮尺を変えればさらに多くの船舶が映し出される

動画データの処理とAIの活用

　意外に思われるかも知れないが、軍用の電子光学センサーから吐き出される映像のピクセル数は案外と少ない。ポピュラーな製品では、640×480〜1,920×1,080ピクセル程度で、かつ、圧縮技術を併用する。とはいえ、それはそれで大きなデータ量になるはずで、それだけ帯域を食う。しかも、24時間フルタイムで複数のUAVを飛ばし続ければ、溜まるデータの量も増える。

　大量の静止画や動画が溜まったときに、それをいちいち人間の目で見ていたら大変だ。最終的な確認は人間の仕事になるとしても、怪しいデータの篩い分けぐらいは自動化したい。せっかくUAVで大量の静止画や動画を収集しても、そこから大事な情報を読み取り、活用できなければ意味がない。

　そこで問題になるのが、検索性を持たせる手段だ。データ量が多いだけに自動化したいところだが、静止画や動画の内容を自動的に認識する作業は、一筋縄ではいかない。

　ただ、内容の自動認識と比べると、比較照合の方がやりやすいかも知れない。つまり、ある場所を撮影した複数の静止画や動画を比較して、何か変化が生じていないかどうかを調べるというものだ。もしも変化があれば、敵軍が陣地を構築したとか、街中に仕掛け爆弾を設置したとかいった具合に、何か好ましからざるイベントが発生した

※11：機械学習
マシン・ラーニングといい、ML
と略す。人工知能（AI）が機
能するために必要となる学習
を自動的に行う仕組み、ある
いはその研究分野を指す。AI
は、取り込んだ大量のデータ
に潜むパターンを認識するこ
とで、初めて、自ら推論を働か
せて機能できるようになる。た
だし、何を学習する必要があ
るかについては人間が指示
する必要がある。

ことを示している可能性がある。

　ただしこれも、撮影条件によって見る角度が少しずつ違ったり、光
線条件が違ったりするので、単純にピクセル同士を比較すればよい、
とはいかない。「何が映っているか」を認識した上で比較照合する必
要がある。

　こうした事情があるため、映っている物体の認識や比較照合といっ
た場面で、人工知能（AI：Artificial Intelligence）や機械学習※11
（ML：Machine Learning）を活用する話が出てきたのは当然とい
えるだろう。こうした手段を駆使してデータを解析することで、特定の
対象物、特定のパターン、あるいはパターンから外れた動きを拾い出
せる可能性は高くなると期待できる。

　しかし、まだ続きがある。何かを見つけたら、それを即座に活用で
きなければ意味がない。

　UAVが搭載するセンサーが吐き出したデータは、管制を担当する
オペレーターが詰めているGCSに入ってくる。そこではライブ・デー
タがずっと流れているから、蓄積や解析は別のところでやる方が好ま
しいと思われる。GCSひとつだけですべての用が足りるのであれば
ともかく、複数の機体、複数のGCSを使うのが一般的になるだろうか
ら。

　また、動画データを解析するにはべらぼうなストレージとコンピュー
ティング・パワーが必要になる。そうなると、（AIの活用しやすさとい
う観点もあるので）クラウド技術を活用すれば、という話が出てくるの
は当然の展開だろう。ライブ・データはGCSで見るが、それを同時
にクラウド上に投げて、解析はそちらでやってもらう。

　そうやって得られた情報を、意思決定担当者がいる指揮所に集約
する方が良いとの考え方につながるわけだ。そこで何らかの意思決
定がなされたら、しかるべき組織や艦船や航空機などに、データ通
信網で指令を飛ばすことになる。それで初めて、データの収集から
活用までのサイクルが完結する。

　さまざまなセンサーを搭載したUAVはひとつのSystem of Sys-
temsだが、そのUAVとGCSと解析機能と配信先（インテリジェンス
の用語でいうところのカスタマー）の組み合わせも、またSystem of
Systemsである。

広域監視用のゴルゴン・スティアやARGUS-IS

　普通、1機のUAVにはセンサー・ターレットを1基だけ搭載するので、映像も1チャンネルだけである。しかし、そうすると特定の場所を集中的に見張るにはよいが、広い範囲を同時に監視するには具合が良くない。

MQ-9リーパーの機首クローズアップ。下部に突き出したセンサー・ターレットの中に、TVカメラ、赤外線センサー、レーザー目標指示器が一体になって収まっている

　そこで、シエラネバダ社製のゴルゴン・スティアや、BAEシステムズ社製のARGUS-IS（Autonomous Real-Time Ground Ubiquitous Surveillance Imaging System、アーガスIS）といった広域監視システムが出てきた。

　ゴルゴン・スティアは、昼光用カメラ×5基と赤外線センサー×4基を内蔵するポッドをMQ-9に2基搭載するもので、重量250kgのポッド×2基で構成する。4km×4kmの範囲を対象として、同時に12目標の追跡が可能だ。

　ARGUS-ISは、重量227kgのポッドにセンサー・ユニットと解析

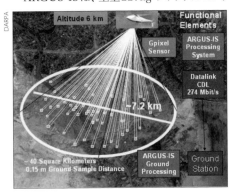

ARGUS-ISのプレゼン用画像。ARGUS-IS広域監視を目的としているので、データ量が多く、高い処理能力が求められる

※12：Core 2 Duoプロセッサ
インテルが開発・製造・販売しているマイクロプロセッサのひとつ。Windowsが動作するパーソナルコンピュータの頭脳。

※13：エッジ処理
ネットワークを通じて、遠隔地にあるコンピュータに仕事をさせるのがクラウド・コンピューティングだが、すべて遠隔地のコンピュータにやらせようとすると、相手のコンピュータやネットワークの負担が増える。そこで、手元でデータの前処理を行い、情報をふるいにかけるなどするのがエッジ処理。

※14：データレート
データ通信を行う際に、同じ時間の間にやりとりするデータの多寡を意味する言葉。ただし主として動画のやりとりに際して用いられる。データレートの数字が大きいほどに情報量が多く、高品質の映像を得られる。

用のコンピュータを内蔵する。安定化機能と望遠レンズを備えるひとつのセンサー・ユニットごとに92個のイメージ・センサーがあり、これが60度の視野角をカバーする。それをひとつのポッドに4組内蔵しているので、イメージ・センサーの合計は368個だ。直径15km程度の範囲を監視できるとされる。

このARGUS-ISが送り出す動画データの量ときたら膨大なもので、毎秒15フレームの動画が24Gbps（ギガビット/秒）に達するそうだ。センサーが拾った生データをすべてそのまま地上に送っていたら、帯域がいくらあっても足りない。そこで、ポッドにCore 2 Duoプロセッサ※12を大量に使用する動画処理コンピュータを内蔵して、前処理を担当させた。クラウド業界でいうところのエッジ処理※13である。

また、ARGUS-ISは可視光線対応で夜間には使えないので、赤外線センサーを使用するARGUS-IR（Autonomous Real-time Ground Ubiquitous Surveillance - Infrared）の話も出てきた。こちらは640×480ピクセルの動画ストリーム×256本以上の同時伝送を実現して、データレート※14は200Mbps（メガビット/秒）以上というモンスターである。こうなると、機上でエッジ処理を実行して、有意なデータだけを地上に送る仕掛けは欠かせない。

映像のデータ量

前の項で、データ量として「24Gbps」（毎秒24ギガビット）とか「200Mbps」（毎秒200メガビット）とかいう数字が出てきたが、これだけだとピンとこない方がいらっしゃるかも知れない。

写真の内容にもよるのだが、筆者の手元にある2,400万画素級のカメラで写真を1枚撮ると、4メガバイトぐらいのデータ量になる。1バイト＝8ビットだから、32メガビット。ということは、200Mbpsのデータが流れるとした場合、1秒ごとに、2,400万画素級のカメラで撮った写真が6枚分＋αぐらいのデータが流れ込んでくる計算になる。それを1時間続ければ22,500枚分である。秒間6枚といわれると大したことがないと思いそうになるが、1時間で22,500枚といわれるとビックリするかも知れない。

そして24Gbpsといえば、そのまた120倍。22,500×120＝270万枚

分である。繰り返すが、1時間で270万枚分の写真が流れ込んでくるくらいのデータ量……と考えれば、さすがにビックリではないだろうか。

武装UAVのオペレーションと交戦

次に、米空軍のMQ-9みたいな武装UAVのオペレーションについて。攻撃の前段階として対象地域の監視飛行があるが、そこは先に書いたISRの話と共通する。そこは割愛して、スプリット・オペレーションと攻撃の話に的を絞ろう。

I have と You have

パイロットの世界には「I have」「You have」という言葉がある。正確には「I have control」「You have control」で、誰が機の操縦を受け持っているかを明確にするための掛け声みたいなものだ。たとえば、機長が副操縦士に操縦を委ねるときには、機長が副操縦士に対して「You have」、それを受けた副操縦士が「I have」という。なんでこんなことを書いたかというと、UAVのオペレーションでも同様に「I have」「You have」があるからだ。

米空軍のMQ-1やMQ-9はスプリット・オペレーションを行っており、運用地域に近い飛行場に陣取る「発進・回収エレメント」と、アメリカ本土に陣取る「管制エレメント」の二重構造によって運用している。離着陸と整備は発進・回収エレメントの担当だから、機体も当然ながら、それと同じ飛行場に配備している。そして、まず発進・回収エレメントのコントロール下で機体を離陸・上昇させる。その際には、GCSからCバンドの見通し線データリンクを使って遠隔操縦する。これは目の前のことだから、伝送遅延は生じない。

そして、あるタイミングで「You have」となり、そこから先はアメリカ本土の管制エレメントがコントロールを引き継ぐ。その後は、先にも書いたように衛星通信を介した遠隔運用だ。

もっとも、武装UAVが必ずスプリット・オペレーションを行うとは限らない。たまたま米軍の武装UAVがそれをやっている、という話だ。

進出可能距離が短い機体であれば、わざわざスプリット・オペレーションを行う理由はなく、発進〜監視〜交戦〜着陸といった一連のプロセスを、ずっと同じ要員が担当すれば済む。

主な武装は2種類

空対地ミサイルと誘導爆弾を搭載したMQ-9リーパー。いずれの武装の誘導においても、センサー・ターレット内のレーザー目標指示器を使用する

　現在、武装UAVが使用している兵装の大半は空対地用で、これは動力を持つ空対地ミサイルと、動力を持たない誘導爆弾に大別できる。そして誘導方式は、セミアクティブ・レーザー誘導が主流。すると、交戦の流れは以下のようになる。

①UAVのセンサー・ターレットが内蔵する光学センサー、あるいは赤外線センサーを用いて、ターゲットを捕捉・識別する。

②本物のターゲットであるかどうかを確認するため、しかるべき手順を踏んで確認を済ませる。

③レーザー目標指示機を用いて、ターゲットを照射する。センサー・ターレットの中には、指示した目標を自動的に追尾してレーザーを照射し続けるものもある。

④ミサイルあるいは爆弾を発射する。誘導制御システムは、ターゲットに向けて照射されたレーザー・パルスの反射波をたどって誘導される。

　なお、武装UAVなら自ら兵装を携えているが、UAVがレーザー照射だけを行い、別の機体が発射した兵装を誘導することもできる。当初はこの方法が用いられたが、それでは戦闘機が手近なところにいないと「せっかく見つけたターゲットを取り逃がしてしまう」。そこでUAVを武装化する事例ができたわけだ。

人間が遠隔操作している

　頭に入れておいていただきたいのは、MQ-1にしろMQ-9にしろ、決してUAVが自ら勝手に目標を捜索・識別・交戦しているわけではなく、あくまでアメリカ本土にいる管制エレメントのオペレーターが判断や指示を行っている点。だから、こうした武装UAVを「ロボット兵器」と呼ぶのは、UAVが自律的に交戦しているかのごとき誤解を振りまく危険性があるので適切ではない。あくまで「遠隔操作している無人兵器」なのだ。

　そもそも、UAVが自律的に捜索・識別・交戦を行うようになれば、UAVが勝手に戦争を起こしたり、不適切な目標を攻撃して国際問題を惹起したりする危険性につながる。もちろん、生身の人間でも同じように誤認や誤爆を行う危険性はあるが、責任の所在がハッキリしているし、事前に交戦規則（ROE：Rules of Engagement）という形で交戦の可否に関わる基準を明示することもできる。

　実際、米軍の武装UAVがターゲット、あるいはターゲットらしきものを発見したときには、識別・交戦の際の手順が定められており、それに則って行わなければならない。

　もしもUAVが自律交戦して誤爆を引き起こしたら、責任の所在はどうなるだろう？　それは、UAVの自律交戦用ソフトウェアを開発した開発者か、機体のメーカーか、機体を運用する軍か、軍の最高指揮官たる首相や大統領か。また、ソフトウェアの問題だとしても、バグなのか、それとも仕様上の問題なのかで責任の所在は違うはずだ。

　この件に限らないが、技術面でのイノベーションに対して社会や法律や制度がついて行けていない場面は、どうしても出てくる。それを象徴しているのが、武装UAVのオペレーションかも知れない。こうした事情もあり、米空軍の現場では遠隔操作を意味するRPAという言葉が好まれる。

対地支援を要請するための9ライン

　味方の地上部隊にJTAC[15]（Joint Terminal Attack Controller、統合端末攻撃統制官）が随伴している場合、航空機の助けを呼

※15：JTAC
地上軍に随伴して戦闘状況を観察するとともに、上空から支援を提供する航空機に対して攻撃要請を出したり、目標を指示したりする要員のこと。

んで攻撃目標を指示するのはJTACの仕事になる。たとえば「どこそこに迫撃砲がいて、そいつが撃ってきて身動きがとれないから潰してくれ」と、支援の航空機に要請を出す。

こうした場合には、現場を直接、目で見ているJTACが状況を認識・判断できる分だけ、誤爆の危険性は減る。ただし、JTACと、上空から敵を攻撃する航空機の乗員が同じ目標を認識しているかどうかを確認しないと、マズいことになりかねない。

そこで登場するのが、いわゆる「9ライン」。英語では "9 line brief" という。JTACが上空の航空機に支援を要請する際に必要な項目をまとめたもので、その内訳は以下の通りだ。

①IP (Initial Point)：進入開始点。

②HDNG (Heading)：IPから目標への磁方位。

③DISTANCE：IPからの距離。ノーティカル・マイル (nm) で指定する (1nm=1,852m)

④TGT ELEV. (Target Elevation)：ターゲットの高度。平均海水面(MSL：Mean Sea Level)を基準にしてフィート単位で指定する。

⑤TGT DESC. (Target Description)：ターゲットの概要。ターゲットを識別するために欠かせない。

⑥TGT LOC. (Target Location)：ターゲットの座標。6桁の数字で指定する。

⑦MARK TYPE - ターゲットをマークする手段。白燐弾、照明弾、赤外線、レーザーとあり、レーザーでは4桁のパルス・コードも指定する。

⑧FRIENDLIES：ターゲットの近隣にいる友軍の位置に関する情報。

⑨EGRESS：離脱経路。

なお、これは固定翼機向けの9ラインで、相手が回転翼機の場合に、内容が少し違うそうだ。ともあれ、この9ラインを使用するのは、攻撃を担当する航空機が戦闘機でも武装UAVでも同じである。

無人戦闘機は実現可能か?

ここまで書いてきた話を考慮に入れた場合に、果たして無人戦闘

用機（UCAV[16]：Unmanned Combat Aerial Vehicle）は実現で
きるものだろうか。先に挙げた「忠実な僚機」も、一種のUCAVである。

※16：UCAV
直訳すると「無人戦闘航空機」。戦闘任務に使えるように武装化したUAVの総称。ユーキャブと読む。

UCAVにおける状況認識という課題

「忠実な僚機」は完全な単独運用ではなく、有人機の連れにする点
に特徴がある。しかしGCSで管制するMQ-9と違い、完全な遠隔操
縦下に置くのは現実的ではない。引率する戦闘機のパイロットだって
忙しいのだ。

いわゆる「忠実な僚機」研究開発計画のひとつ、クレイトス社製造のXQ-58ヴァルキリー

　すると、「忠実な僚機」は、ある程度、「賢く」なることが求められ
る。そこで、AIを活用しようという話が出てくるのは当然の成り行きと
いえよう。戦闘機パイロットが任務遂行に際して直面する状況や、そ
こでの判断、意思決定について学習させて、同じような働きをするこ
とを期待するわけだ。
「忠実な僚機」は、御主人様となる有人機と編隊を組んで目標空域
に向かい、そこから離れて任務に就くと想定される。そこで問題にな
るのは、有人機に随伴するための編隊飛行（そのためには、後で取
り上げる空域共有の技術も関わってくるだろう）や、周囲にいる彼我
の機体の位置・状況を知る、いわゆる状況認識だ。
　もしも敵機がいるのに存在に気付かないと、不意打ちに遭って撃
ち落とされる。だから、戦闘機乗りには "check six" という標語があっ
て、自機の真後ろ（6時の方向）への警戒を怠るな、と警鐘を鳴らして
いる。そして、戦闘機を設計する際には後方視界に配慮した設計に
するもので、そのことはF-15やF-16のキャノピー配置を見れば一目
瞭然だ。

※17：レーダーサイト
対空監視用レーダーを設置
した地上施設のこと。主に対
空監視を行う。

※18：早期警戒機
捜索レーダーを航空機に載
せて高空を飛行させることで、
地上に設置するよりも広い
範囲をカバーできるようにした
もの。空飛ぶレーダーサイト。

いまどきの戦闘機は、みんな視界の広さに配慮している。これは、目視による状況認識を妨げないための配慮。写真はF-16

また、空対空戦闘では、自機と敵機の位置関係を把握するだけでなく、どの敵機を攻撃するかを決めて戦術を組み立てて、それに沿って機を操り、有利な位置につけて兵装を発射する必要がある。その過程で敵機が回避行動を取ることもあるだろうし、別の敵機が割り込んでくることもあるだろうし、別の友軍機が目標をかっさらうこともあるだろう。もっとも、レーダーサイト[17]や早期警戒機[18]からの管制指示を受けて任務を遂行する場合には、「割り込み」や「かっさらい」が起きることは少なそうだが。

空域共有の実現が問題になっているのが現状なのに、さらにずっとレベルが高い空対空戦闘任務を無人の機体で担当させられるものだろうか。その昔、コックピットにカメラを積んで無線指令化する「ラジコン戦闘機」が登場するマンガがあったが、カメラは一度に全周を見ることはできないから、やはり状況認識能力に不安が残るという設定だった。かといって、複数のカメラを設置すれば、今度はその映像を集約・融合して意志決定に利用できるのか、という新たな課題ができる。

こうした問題を解決して、さらに適切な状況認識・意思決定がで

アラスカに接近したロシア軍のTu-95爆撃機に対し、緊急発進して監視飛行する米空軍のF-22A戦闘機。ひとつの判断ミスが戦争の引き金を引く可能性もある対領空侵犯措置は、コンピュータ任せにするのは難しいデリケートな任務

きなければ「AIが操る無人戦闘機」は実用にならない。そこで米国防高等研究計画局（DARPA[19]：Defense Advanced Research Projects Agency）が実施したのが、「アルファドッグファイト・トライアル」というイベントだった。戦闘機パイロットの仕事を学習したAIが、本物の戦闘機パイロットとシミュレータ対戦するものだ。

　また、戦闘機は平時でも対領空侵犯措置任務に従事している。自国の領空に接近した正体不明機に対して接近、正体を確認するとともに退去を求めるのが主な仕事だが、そこでは本物の戦争に発展しないように微妙な判断が求められる。それを無人機のコンピュータにやれというのは難易度が高すぎる。

　そんなこんなで、いくら看板に「Combat」の字が含まれているからといっても、UCAVが空対空戦闘任務を担当できるレベルまで成熟するのは、少なくとも予見可能な将来の範囲内では不可能ではないだろうか。それよりも実現の難易度が低く、かつ人命を危険に晒す可能性が高い任務に限定して、UCAVを投入するというのが現実的ではないかと考えられる。

　それとて、技術的なハードルに加えて交戦規則の問題、他の有人機とのデコンフリクション（干渉回避）、職を追われかねないパイロットからの反発への対処など、考えなければならないことはたくさんある。だから、「無人戦闘用機という夢を見るのもほどほどに」と釘を刺しておきたいところである。

▌米海軍におけるスッタモンダと斜め上の結論

　米海軍は2013年7月に、無人戦闘用機の技術実証機、X-47Bを用いて、空母「ジョージ H.W.ブッシュ」艦上での着艦試験に成功した。ただし注意したいのは、X-47Bが成功したのは「空母への自動着艦」であって、それ以上のものでもそれ以下のものでもない点である。この話を受けて「中国への対処を念頭に云々」というところまで話を飛躍させた記事を見かけたが、それは話が飛び過ぎである。

　なるほど、X-47Bの計画名称には "Combat" の語が含まれている。そして、X-47Bの設計に際しては兵装搭載も可能としたが、UCAS-D計画の飛行試験では、兵装の搭載も投下も予定していなかった。

※19：DARPA
ダーパと読み、「国防高等研究計画局」の意。米国防総省の機関で、さまざまな「海の物とも山の物ともつかないが、実現できたら役に立ちそう」という研究プロジェクトを差配している。実際に作業にあたるのは企業や研究機関で、DARPAの仕事は「資金提供」と「目利き」。

※20：UCLASS
ユークラスと読む。UCAS-D計画に続いて米海軍が立ち上げた、空母搭載用無人戦闘用機の開発計画。その名称から、監視・攻撃を担当させる考えがあったと読み取れる。しかし計画が立ち上がった後で、何をさせるかで部内の話がまとまらずに瓦解した。

※21：レースト ラック・パターン
アメリカの自動車レース場では、シンプルな小判型の走路を持つものがよくあるが、それと同様に小判型の飛行経路を周回しながら飛ぶこと。早期警戒機や空中給油機が多用する。

米海軍空母「ジョージH.W.ブッシュ」に着艦するX-47B。無人の機体が空母に降りた最初の事例である

あくまで、「実用レベルのUCAVと同等の規模や内容を持つ機体を作って、実際に空母で飛ばして実証試験を行う」のが目的だった。

その後、米海軍はUCAS-D計画の成果を活用する形でUCLASS[20]（Unmanned Carrier-Launched Airborne Surveillance and Strike）という計画を立ち上げた。計画名称にあるように、「監視」と「攻撃」を兼用できる機体にしようと考えたわけだ。

ただし、そもそも「戦闘」といっても幅が広い。空対空戦闘もあれば、空対地戦闘もあるし、それも相手はさまざまだ。さらに対艦攻撃もあれば、機雷敷設も戦闘任務に含む。その中からどれを担当させるのかが問題だ。そして、艦載UCAVにどんな任務を担当させるのがよいかということで、米海軍の部内は喧々囂々、侃々諤々、百家争鳴のスッタモンダとなり、とうとうUCLASS計画は空中分解した。

かような紆余曲折を経て、ボーイング社がMQ-25スティングレイという艦上無人給油機を手掛けることになり、2023年現在、開発作業が進行中だ。

現在、米海軍の空母ではF/A-18Fスーパーホーネットに空中給油用の装置を組み込んだポッドを搭載して、空中給油のアルバイトをさせている。ところが、そうすると戦闘任務に使える機体が減ってしまう。それなら、戦闘用の機体よりは実現のハードルが低そうな給油機をUAVとして実現することで、F/A-18Fを空中給油のアルバイトから解放しよう、という話になったようだ。

用途が空中給油であっても、空母からの発着艦は必要だし、艦上ではリモコン方式で機体を取り回す必要がある。それはすでにX-47Bで実現できているから、技術上の基盤はある。そして空中給油機は、いったんオンステーションすればレーストラック・パターン[21]を描いて飛行するのが基本である。

米海軍が用いているプローブ&ドローグ方式^{※22}の空中給油では、給油機はまっすぐ飛びながら後方に給油ホースを展開するだけで、そこに受油プローブを突っ込んで燃料を受け取るのは受油機の責任だ。つまり給油機はあまりややこしい話にならないから、実現に際してのハードルも低い。と、そういう話になった。

もっとも、MQ-25にISR用のペイロードを加えようという話は出ているようである。

米海軍の空中給油方式には当てはめない

※22：プローブ&ドローグ方式
空中給油方式のひとつ。給油機から伸びてたなびくホース（ドローグバスケット）の中心に、受油機の給油棒（プローブ）の先端を差し込んで燃料を受け取る。

F/A-18Fスーパーホーネット（右）に空中給油を行うMQ-25無人機（左）。給油用のドローグホースは、左翼下面のポッドから繰り出す

戦闘機になる代わりに自爆する

戦闘機は、爆弾とかミサイルとかいった兵装を搭載して敵がいるところに乗り込み、兵装を発射する。つまり、兵装を目的地まで持っていく運び屋である（こんな書き方をすると戦闘機パイロットに叱られるが）。有人機の場合、人が乗ったまま突っ込ませるわけにはいかないからこういう形態になるが、果たしてUAVに同じことをさせる必然性があるのか？

敵を発見したら突入する、という運用

UAVの中に「自爆突入型」という一族が存在する。アメリカのエアロヴァイロンメントが開発したスイッチブレードが知られている。

スイッチブレードは、筒型の胴体の後部に電動式のプロペラを、機首に電子光学センサーと弾頭を備えており、筒型の発射筒から撃ち出すと、主翼を展開して飛行する。そして、電子光学センサーで敵を発見すると、そこに突っ込む。

　基本型のスイッチブレード300で、全長は約0.5m、主翼展開時の全幅は1.3mあまり、重量は2.5kg。これなら個人携行が可能であり、しかも相応に破壊力がある。位置付けとしては迫撃砲に近い。しかも誘導機能があるから、狙ったターゲットに精確に当てられる可能性が高いと期待できる。

❶スイッチブレードを発射する海兵隊員。個人で持ち歩けるぐらいコンパクトにまとまっている様子が分かる。**❷**は発射後に翼を展開したスイッチブレード

　ちなみに、スイッチブレードとは「飛び出しナイフ」のことだが、個人携行用の高精度火力として見ると、なかなか絶妙なネーミングといえよう。

　似たような機体として、イスラエルのUVisionが開発した「HERO」シリーズがある。これも機体の形態は似ており、サイズ・重量の違いにより、HERO 30、HERO 90、HERO 120、HERO 400、HERO 900、HERO 1250の6モデルがある。機体単体の重量は3.5〜155kgだが、携行・発射用のキャニスターに入れるので、実際に持ち歩く重量は機体の重量よりも大きい。

ミサイルと何が違うんだ?

　この手の機体は基本的に使い捨てで、回収することは考えていない。それが証拠に、降着装置や回収用パラシュートの類は備えていない。「それならミサイルと何が違うんだ?」という疑問が生じるのはもっともなこと。

　これに対する業界側の説明は、「自爆突入型UAVは、上空を巡航しながらターゲットを探し、見つけたところで突入する運用ができる」となる。ミサイルは普通、発射する時点でターゲットが分かっていることが前提だから、「敵がいるから撃て」という使い方になる。それに対して自爆突入型UAVは、「敵がいそうだから、とりあえず飛ばし

ておけ → 敵が現れたからやっつけろ」という運用ができる。

そのため、この手の自爆突入型UAVは、"loitering munition" と呼ばれる。ロイターloiter[23]は「うろつく」とか「ブラブラする」とかいった意味だから、実態に合っている。「徘徊型」と訳す向きもあるが、「徘徊老人」といった使われ方のせいか、この言葉はあまり好まれない。無意識にフラフラ、ウロウロしているわけではないからだ。

ところがややこしいことに、ミサイルに分類される製品でも同様に「上空を巡航しながらターゲットを探し、見つけたところで突入する」製品が存在する。その一例が、ノースロップ(当時)が1980年代に開発したAGM-136テーシット・レインボー空対地ミサイル。敵の防空システムが使用するレーダーをつぶす目的で開発された。

※23：ロイター
目標地域の上空を周回飛行すること。カタカナで書くと同じだが、イギリスの有名な通信社はReutersで綴りが違う。

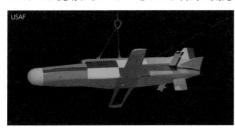

AGM-136テーシット・レインボー空対地ミサイル。これも上空をロイターして、ターゲットを見つけると突っ込むのだが、こちらはミサイルに分類されている

防空システムは存在を秘匿するために、断続的にレーダーを作動させることがあるから、「上空を巡航しながらターゲットを探し、見つけたところで突入する」やり方にも理がある。そこでテーシット・レインボーが開発されたわけだが、この頃にはまだ無人機といえば標的機が大半だったので、ミサイル扱いされたものと思われる。

同じように、防空システムをつぶす目的で開発された製品としてイスラエルのIAI(Israel Aerospace Industries)が開発したハーピーがあり、こちらはミサイルではなくUAVに分類される。これが中国に提供されて政治問題化したが、後に台湾でも似たような製品が開発されたようだ。

UAVで通信中継

地面・海面と上空の電離層の間で反射しながら電波がジグザグに飛ぶ短波 (HF) は別だが、もっと周波数が高い電波になると、直

接見通せる範囲内でなければ通信ができない。通信衛星に中継させれば遠距離の通信が可能だが、経費がかかる。

UAVに通信衛星の代わりをさせたら？

　見通し線以遠、つまり地平線や水平線の向こう側まで届く無線通信を実現しようとすれば、上空の誰かに中継してもらう必要がある。位置が高くなれば広い範囲を見下ろせるから、その範囲内で相互に通信の中継ができる。それを高度36,000kmの上空から行うのが、静止衛星を用いる通信衛星。

　しかし、中継機材を高いところに上げれば良いということなら、もっと低いところにUAVを飛ばして、それに中継機材を載せても同じことができる理屈となる。高度が下がればカバー範囲は狭くなるが、すべての通信が地球の裏側まで届かなければならないというものでもない。

　それを具現化した一例がHAPS（High Altitude Platform System）。太陽電池と電動機を動力源とする「ゼファーS」というUAVに通信中継機材を載せて飛ばし、通信中継を行わせようというもの。太陽電池を利用するから長時間の滞空が可能というところがミソで、「ゼファーS」は2021年に連続18日間の滞空を実現したことがある。そして2022年に、エアバス・ディフェンス＆スペースはHAPSのサービスを開始すると発表。正式運用開始は2024年の予定だが、2022年の時点ですでに軍用のサービスを始めていた。

エアバス・ディフェンス＆スペースが開発したゼファーS無人機。連続18日間の滞空記録があり、すでに軍の通信中継サービスを開始している

　イギリスのBAEシステムズも、太陽電池駆動無人機への参入を表明した。それが2018年5月のことで、機体はPHASA-35という。

　PHASAはPersistent High Altitude Solar Aircraftの略、つまり高高度に常駐する太陽電池駆動機という意味だ。35は翼幅の数字で、その名の通りに35mある。重量は150kg。

PHASA-35についてBAEシステムズでは、1年間の連続飛行を行えるポテンシャルがあるとしている。BAEシステムズではこれに先立ち、2017年に4分の1スケールのデモンストレーター・PHASA-8を飛ばしていた。

その後は2機のPHASA-35を製作し、2020年2月にオーストラリアのウーメラ試験場[24]で初飛行、2023年7月14日には米国のニューメキシコ州で高高度飛行試験に成功した。PHASA-35は、24時間以上かけて高度66,000ft（約20,000m）まで上昇し、成層圏を飛行した後、無事に着陸した。今後の開発動向にも注目したい。

BAE Systems

英BAEシステムズが開発したPHASA-35無人機

※24：ウーメラ試験場
オーストラリアのどまんなか、ウーメラにある試験場。周囲に何もないため、実験用の航空機を飛ばしたり、秘密にしておきたい実験をしたりするのに好適。JAXAの小惑星探査機「はやぶさ2」を地球に帰還させたときに、ここに着陸させた。

※25：ファースト・レスポンダ
消防や救急など、事故・災害が発生したときに真っ先に駆けつける組織のこと。

災害発生時の緊急通信確保

また、地上の通信インフラが自然災害などで破壊されたときに、UAVに代わりを務めさせたら、という形の通信中継もある。つまり、携帯電話の基地局を空に上げるわけだが、携帯電話に限らずその他の無線通信にも対応させれば、さらに有用性が高まる。異なる種類の無線通信の間で相互中継ができれば、なおよい。

GA-ASIは2023年5月25日、社有のMQ-9AにREAP（Rosetta Echo Advanced Payloads）ポッドを搭載して実証飛行試験を実施した。これがまさに、自然災害発生時の通信網維持を目的としたもの。といっても一般向けではなくて、ファースト・レスポンダ[25]、つまり消防・救急といった部門の通信確保を企図している。

軍用UAVの普及がもたらした効果

ここまで、「軍用UAVにはどんなことができるのか、どんなことを

やってのけたのか」について取り上げてきた。ただし重要なのは、「それによってどんな効果が得られたか」であろう。能書きだけでは役に立たない。

プレデター・ポルノ

　軍事分野において、UAVが新たな世界を切り開いた事例といえば、やはりGA-ASI製のナット750と、それを改良したRQ-1プレデターの実績を挙げなければならないだろう。

　もともと、空からの情報収集といえば偵察機であり、人間が乗って目視で情報を得たり、カメラを使って写真を撮ってきたりしていた。偵察用のカメラを搭載した機体を、特に区分して写真偵察機というが、これは静止画専用。しかも1990年代あたりまでは、フィルムを使用するカメラが主流だった。だから、機体が基地に戻ってきて、カメラからフィルムを抜いて現像して、それを印画紙に焼き付けなければ、「現場の映像」を見ることができない。ひらたくいえば時間がかかる。

　上空から偵察する手段としては、偵察衛星もある。偵察機と違って、宇宙空間から覗き見をするから領空侵犯にはならないし、撃ち落とされる気遣いもない。しかし、偵察衛星がいつ、どこを通るかは敵にも味方にも知られているので、敵方はその気になれば、偵察衛星がやってくるタイミングに合わせて隠したいものを隠すことができる。それに、偵察衛星も静止画しか撮れない。

　ところが、動画を撮影できるカメラを持ち、しかもその映像を無線通信経由で伝送する機能を備えたナット750やプレデターは、現場から「動画による実況中継」を行える。これは、それまでは実現できなかった機能である。それだからこそ、軍の幹部や政府の高官が、プレデターから送られてくる動画に夢中になった。世にいう「プレデター・ポルノ」である。

　しかも飛行中のプレデターはGCSから遠隔操縦されているから、動画を見ている誰かさんが「ちょっと待て、いま映っていたクルマは何だ、もう一度見たい」といいだせば、それを受けて機体とカメラを操り、指示されたクルマに「目を付ける」こともできる。飛行経路や撮影対象を自由に決められるから、偵察衛星と違って、事前に飛来を

察知できない。

　そしてGA-ASIのUAVは、それまでに使われていた多くのUAVと異なり、連続して30〜40時間もの飛行を行えた。すると、特定の空域に長時間にわたって留まり、空から継続的に監視する任務が容易になる。これもまた、それまでは実現できなかった機能といえる。

　これが最初に活きたのが、ボスニアにおける民族紛争。いったん、サラエボ上空などの現場から実況動画が流れ込んでくるようになったら、上級指揮官から「セルビア人が武器を隠していそうな場所を飛んで、映像を送ってくれ」という電話がジャンジャンかかってくるようになったという。

ジェネラルアトミクスによる最初の本格的なMALE UAVである、ナット750。偵察用無人機RQ-1プレデターへと進化した

┃隠蔽がやりにくくなった

　では、偵察される側にはどんな変化が起きたか。偵察衛星と違って「決まったタイミングで隠蔽する」手が通用しないし、相手は動画で一部始終を観察していると思わなければならない。すると、「覗き屋に対して情報を隠す」やり方をごっそり変えなければならなくなった。

　また、機体がそれなりに大きく、高速で飛行する戦闘機や偵察機なら対空捜索レーダーで見つけられるが、小型、しかも低速で飛行するナット750やプレデターを地上から発見するには、新たなノウハウが必要になった。

　では、その「有人機と比べると低コスト・低リスクで、常時の覗き見が可能」なUAVを武装化することで実現した変化は何か。それを攻撃される側から見ると「見つかったら直ちに攻撃される危険性が高まった」となる。

　偵察機と攻撃機が別々にいる場合には、偵察機に見つかった時点で「攻撃機が来る前にトンズラしよう」といえる。ところが、偵察を担

当するUAV自体が武装していれば、見つかったら直ちにミサイルが飛んでくると思わなければならない。実際、そうやって何人ものアルカイダ関係者が命を落とした。

無人モノが市民権を得た

では、こうした変化が、軍事作戦あるいは戦争行為に対して、どういった効果をもたらしたか。

最大のものは、「UAVをはじめとする各種の無人モノが市民権を得た」ことであろう。かつては技術ヲタクのオモチャだと思われていたUAVが、(うまくハマれば) 実戦で立派に役に立つことが証明された。それが結果として、「軍の無人化」を進めるトリガーになった。

ウクライナでバイラクタルTB2無人機が活躍したものだから、「日本でもバイラクタルTB2を買え」とか「ステルス戦闘機なんて時代遅れ、UAVこそ本流」みたいなことを言い出す人まで現れた。もっとも、こういうことを声高にいう人に限って飽きっぽいものだから、流行りが変われば見向きもしなくなる点には注意しなければならないが。

トルコのバイカル社が開発した武装型MALE、バイラクタルTB2。2022年2月からのウクライナ防衛戦でロシア軍車両を多数撃破したと報じられた

それでも、「流行り物に飛びつく」人達がUAVを持ち出すようになったこと自体、1990年代までは考えられなかった話である。それは市井の一般人だけでなく、軍の幹部や政府高官にもいえること。

そして、そうした国家レベルの意思決定権者にとってみれば、武装UAVの出現は、従来よりも安上がりに、目立たない形で武力を行使する手段をもたらしたといえる。しかも、UAVが撃ち落とされたところで搭乗員の生命が失われることはない。そのことは、武力介入を決断する際の敷居を下げる。

つまり、国家として武力行使をするかどうかの意思決定にも、UAVの存在が影響を及ぼしているのではないか。

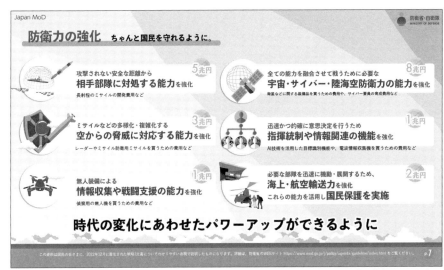

2023年度からの5年間で日本が無人装備に使うお金は従来の10倍、約1兆円にのぼる。偵察用UAVや機雷捜索用UUVなどのほか、攻撃用UAVの導入も計画しているようだ。出典：『防衛費の使い方について説明します』グラフィカルサマリー版

┃UAVは「空の利用」の敷居を下げた

　一方、反政府ゲリラ組織やテロ組織をはじめとする「非国家主体」の立場から見れば、市販されている民生品のUAVを活用して、従来になかった能力を手に入れられることになった。

　航空機があれば戦場の立体化が可能であり、それは偵察でも攻撃でも有用性が高い。しかし、有人の航空機は手に入れるにも運用するにも敷居が高い。だから、非国家主体にとって「空の利用」も敷居が高かった。現に、ヘリコプターを買い付けてはみたものの、飛ばさずに終わったオウム真理教という事例もある。

　ところが、安価なUAVを簡単に入手できるとなれば、話は違う。能力的には限りがあるものの、空から偵察したり、空から攻撃したりできるようになる。

　もっとも、これは正規軍にとってもいえること。ことに、潤沢な予算が使えない国、あるいは「敵が強力な防空網を持っている」「しばしば飛行場が敵に攻撃される」といった事情で思うように航空戦力を使えない国にとっても、武装UAVは新たな能力を手に入れることにつながる。ウクライナにおけるバイラクタルTB2の活躍は、この一例

といえるかも知れない。

　これを、迎え撃つ側から見るとどうなるか。以前なら「航空戦力を持っていない非政府主体が相手だから」あるいは「敵国の航空戦力は制圧してあるから」という理由で、防空にそれほど力を入れなくても済んでいたが、話が変わってしまう。しかも相手がUAVとなると、レーダー探知が難しい場面が少なくない。結局、経費をかけて対抗手段を開発・配備する必要に迫られる。

　もっとも、過去の歴史を紐解いてみると、新手の新兵器が登場して大活躍しても、いずれは何かしらの対抗手段が出てきて無力化されたり、有効性を減じられたりするのが常。UAVも、ずっと今のように持て囃され続けるかどうかは分からない。

US Army

第4部
UAVを取り巻くさまざまな課題

UAVに限らず、何か目新しいものが出てきて「あれもできます、これもできます」の連呼になると、
聞こえのいい、耳当たりのいい話ばかりが喧伝されがち。
しかし実際には、解決しなければならない課題もいろいろ出てくるのが常。
では、UAVの場合はどうなのか。
ネガティブな話題を「存在しないこと」にするのは無責任というものだ。

UAVと有人機の空域共有、衝突回避

　自動車の自動運転が話題になり始めてからしばらく経つが、個人的には、もっとも難しいのは「自動運転車と有人運転車の混在」ではないかと考えている。すべてが自動運転車であれば、すべてのクルマが同じルールに則って動くと期待できるが、有人運転車が相手になると、そうは行かない。「予想もつかない運転をするドライバー」は、あちこちにいる。

　では、空の上ではどうか。つまり、UAVと有人機が同じ空域に混在する場面である。

なぜ空域共有が必要か

　UAVの航続距離が短く、運用高度が低い場合には、使用できる場所は限られる。すると、すでに日本でも行われているように、「このエリアではドローン禁止」といった具合に飛行を禁止することで、既存の有人航空機と近接・衝突する事態を回避することになる。つまり、既存の有人機のトラフィックがある空域と、UAVを飛ばせる空域を完全に分けてしまえという考え方である。

　しかし、大型で航続距離が長く、運用高度が高いUAVになると、事情が違ってくる。UAVを飛ばしたい場所が、すでに民間機が飛んでいる空域ということも起こり得るからだ。また、UAVの運用拠点となる飛行場と、目的となる空域の間を行き来する過程で、民間機が飛んでいる空域を横切る場面も起こり得る。

　これがアフガニスタンみたいに、民間機のトラフィックがとても少ない（皆無ではない）場所なら問題にはなりにくい。また、戦闘地域になれば民間機は寄りつかなくなるから、これも問題にならない。UAVと有人機の空域共有が問題になるのは、有人機、とりわけ民航機のトラフィックが多い場所の平時であろう。

　有人機同士であれば、管制官がレーダーなどを用いて状況を把握した上で、個々の機体に対して針路や高度を指示して、異常接近や衝突が起こらないようにしている。

IAI

2020年9月16日、民間機のトラフィックがあるベングリオン国際空港に着陸したイスラエルIAI社のヘロン。この後、約40km離れたアイン・シェマー飛行場へ向け離陸した

　では、パイロットが乗っていないUAVが相手のときにはどうすれば良いか。UAVが地上のGCSから遠隔操縦されている場合には、そのGCSについているパイロットと管制官が無線で交信する方法がある。横田基地でRQ-4が報道公開されたときに訊いてみたら、GCSについているパイロットが管制官と交信する場面もあるとの話だった。

　しかし、UAVが自律飛行している場合には話が違う。管制官がUAVの機上コンピュータに呼びかけるわけにはいかないのだから、UAVが自律的に周囲の状況を把握して、衝突しないように避けてくれる方がありがたい。ただしその際には、「有人機と同じルールに基づいて回避行動をとること」という前提条件が付く。そうしないと却って危険だ。有人機の側から見たときに、UAVの動きが読めなくなるからだ。

　実はすでに、空域共有を試した事例はある。2020年9月のことだが、イスラエルのIAIが製作しているヘロン無人機が、テルアビブのベングリオン国際空港で離着陸を実施した。実はこれが、民航機が出入りしている管制空域内の国際空港に無人機が離着陸した最初の事例だという。空港を閉鎖して民航機を締め出したわけではなく、

※1：フェーズド・アレイ・レーダー
小さな送受信用アンテナを並べて（これがアレイ）、それぞれで電波を送信するタイミング（これが位相すなわちフェーズ）をずらして電波の送信方向を変えたり、受信時のタイミングのズレを検知することで入射方向を把握したりするレーダー。アンテナが固定式でも、電波を出す向きを変えて、広い範囲（最大で120度ぐらい）を捜索できる。

ちゃんと同居した状態でだ。

ちなみに、日本では馴染みが薄そうだが、ヘロンはMQ-9リーパーの一族と同じ、中高度・長時間滞空型（MALE）に分類されるUAVだ。

ガーディアンUAVのDRR

GA-ASIが2018年に、ガーディアンを壱岐空港に持ち込んで実証試験を実施したが、ここはいうまでもなく、既存の民間空港である。壱岐空港自体のトラフィックは極めて少ないが、その周辺では多数の民航機が行き来している。

壱岐空港における報道公開の席で、まず報道陣を機体の前に案内して機体の説明をしてくれたのは、テリー・クラフト副社長（当時）。そして、左右に膨らんだ機首を指して「ここにDRRが入っています」と説明を始めた。

DRRとはDue Regard Radarの略。日本語に逐語訳すると「相応の注視を行うレーダー」というぐらいの意味になる。これが左右前方・合計220度の範囲をカバーしていて、自機に向かって接近してくる飛行物体がいないかどうかを監視している。

その正体はハの字型に据え付けられた2面のフェーズド・アレイ・レーダー[※1]だ。これが収まっているので、ガーディアンの機首は左右にポコンと膨らんだ形になっている。

もしも、DRRの捜索によって「接近してくる飛行物体がいて、衝突の可能性がある」と判断した場合には、自動的に回避機動をとる仕組みになっている。

なお、海上保安庁が2022年10月から運用を始めたシーガーディ

Koji Inoue / Koji Inoue

1 左右にポコンと膨らんだガーディアンの機首。空気抵抗は増えそうだが、この中に衝突回避用のレーダーが入っている **2** 2020年10月、八戸航空基地に持ち込まれたシーガーディアン。こちらの機首はスッキリしている

アンもDRRを備えているが、こちらは機首の内部にきれいにアンテナを収めているため、出っ張りはなくスッキリしている。

実は、衝突回避の仕掛けはこれだけではない。

定期便の旅客機はADS-B※2（Automatic Dependent Surveillance-Broadcast）を使って、自機の所属・現在位置・速度・高度・進行方向といったデータを周囲に放送している。また、二次レーダーのトランスポンダーもあり、地上の航空路監視レーダーが誰何すると、それを受けて便名・速度・高度などの情報を返している。

これらは直接的に衝突回避の機能を提供するわけではない。しかし、こうしたシステムによって得られる情報に基づいて警報を発し、異常接近や衝突を回避するための、TCAS※3（Traffic Collision and Avoidance System）という仕組みがある。

GA-ASIは2018年6月に、ガーディアンの原型機であるプレデターBを使って、DAA（Detect and Avoid）システムの実証試験を成功裏に実施した。DAAとは「他機を探知して回避する」という意味で、それを実現するためにTCASやADS-Bといった仕掛けを活用した。

TCASは他機がトランスポンダーで返してきた情報に基づいて、衝突の可能性があるかどうかを判断する。つまり、状況把握の方法としては間接的である。それに対して前述のDRRは、自らレーダーで前方を捜索するから、状況把握の方法としては直接的である。

▌複数の手段を協調させる

「眼」は多い方がいいので、DRRもADS-BもTCASも、みんな活用すればいいじゃないの… と考えるのは自然な成り行きだ。しかし複数のシステムを組み合わせる場合、組み合わせたシステム同士がちゃんと協調してくれないと困る。極端な話、TCASが「右に回避しろ」という一方で、DRRが「左に回避しろ」といいだしたのでは困る。

だから、異常接近や衝突を回避するために複数のシステムを組み合わせる場合、それぞれがバラバラに、単独で動作するのでは具合が悪い。複数のシステムが互いに連携して、矛盾や喧嘩が起こらないように動作する仕組みが必要になる。

よって、ここでもSystem of Systemsという話になる。そして、それを

※2：ADS-B
GPS受信機で得た測位情報や機体の針路・速力・高度、便名などの識別情報を、専用の送信機で放送するもの。個々の機体からの情報を集めることで、管制する側の状況把握能力が向上する。

※3：TCAS
「ティーキャス」と読み、空中衝突防止装置と訳される。飛行中の航空機同士が互いに無線で情報をやりとりしながら、異常接近（ニアミス）や空中衝突を察知・回避するシステム。航空運送事業の用に供する航空機で、客席数19または最大離陸重量が5,700kgを超える、タービン・エンジン装備の機体で搭載が義務付けられている。

※4：ダグウェイ実験場
ユタ州のソルトレイクシティ近くにある米陸軍の実験場。ここでは過去にさまざまな実験が行われている。第二次世界大戦中には、ここに「典型的な日本家屋」が造られて、焼夷弾の実験が行われた。

さまざまな条件下で試して、問題なく機能することを確認しなければならない。

また、UAVが有人機と同じ衝突回避のためのルールに則って動いてくれるかどうかについても、さまざまな条件下で実地に試す必要がある。これは空の上だけでなく、海の上でも同じことである。

地上から指示を出して回避させるGBSAA

ガーディアンが搭載した、DRRをはじめとする一連の仕組みは、異常接近や衝突を回避するための道具立て一式を機上に搭載して、自律的に衝突回避を図るものである。

ところが、実際に飛行機を飛ばす現場では、地上に管制官がいて、そこからの指示も受けている。それと同じことをできないか？　という考えもある。実際にそういう話はあって、GBSAA（Ground-Based Sense and Avoid）という。

GBSAAのうちSAA（Sense and Avoid）とは検知・回避、つまり異常接近や衝突に至りそうな他の飛行物体を見つけて、回避機動をとるという意味だ。そのための仕組みがGround-Based、つまり地上にあるのがGBSAA。具体的に何をするかというと、地上にレーダーを設置して、上空を飛んでいる機体の位置・進路・高度・速度を把握する。そして、異常接近や衝突に至りそうな機体がいると、地上から回避機動の指示を出す。

アメリカでは、軍用UAVが他の機体と衝突する事態を防ぐために、このGBSAAを導入している事例がある。まずユタ州のダグウェイ実験場[※4]で2012年からテストを開始、続いて本格導入に駒を進めた。2014年の時点でテキサス州のフォート・フッド（現フォート・カバゾス）とカンザス州のフォート・ライリーに導入、2016年末までに合計

米陸軍がテキサス州のフォート・フッドに設置したGBSAA用レーダー

5ヶ所に設置するとした。

　これは、アメリカ本土でUAVが基地と訓練空域の間を行き来する際に、有人機が利用している空域を横切る場面があるためだ。訓練空域は陸軍のUAVが占有できても、そこと基地の間を行き来する過程では話が違うからだ。米陸軍では「GBSAAを導入すると、有人機と同じ空域をUAVが飛行する際に、いちいち有人のチェイス機（随伴機）をつける必要がなくなる」といっている。

　米陸軍のGBSAAシステムでは、対空三次元レーダー※5で対象空域の捜索を行い、得たデータは地上のオペレータが見ているディスプレイに現れる。スコープには距離を示すリングの表示があり、区切りは2マイル・4マイル・6マイル（1マイル≒1.6km）。そして4マイル圏内に入ると脅威とみなす仕組みだという。

　また、米海兵隊も2014年の時点で、ノースカロライナ州のチェリーポイント基地でGBSAAを導入していた。同地に、RQ-7Bシャドーや RQ-21AブラックジャックといったUAVを運用する第2無人機飛行隊（VMU-2）がいるためだ。

▌回避をどこで判断させる?

　ただし、GBSAAが成立するためには、指令を受けるUAVの側に、そのための受信機と、指令を受けて回避機動をとるための仕掛けがなければならない。ここでもまた、System of Systemsという話になる。

　難しいのは、地上からは「接近している機体がいるぞ」と警告するだけにして回避機動を機上の判断に委ねるのか、それとも回避する向きまで地上から指示するのかの見極めではないか。

　有人機が相手なら、乗っているパイロットに無線で「どちらの方向から接近中の機体がある」と警告することができる。しかしUAVのオペレーターは機上ではなく、地上に置かれたGCSについている。

　GBSAA担当のレーダー・オペレーターがGCSに詰めているパイロットと直にやりとりできれば、話は簡単である。GCSからUAVに対して回避機動の指令を出せばいい。しかし、その「直にやりとり」ができなかったらどうするか。考えられる方法は2種類ある。

※5：対空三次元レーダー
空中の物体を捜索するのが対空捜索レーダーだが、そのうち方位と距離だけが分かるのが二次元レーダー。さらに高度も把握できるのが三次元レーダー。高度を把握するためには、送信するビームを上下に振る機能が必要になる。

※6：LSTAR
Lightweight Surveillance and Target Acquisition Radar（軽量監視・目標捕捉レーダー）の頭文字略語。空中を捜索して、衝突の危険につながるような飛行物体を捕捉するためのレーダー。

※7：SRC社の説明動画

https://youtu.be/4eRsdy
jwUvw

ひとつは、UAVに対して直接、GBSAAシステムから回避指令を出すこと。GBSAAは当該機も含めた全体状況を見ているわけだから、最適な回避機動を判断できるだろうと期待できる。もうひとつは、UAVに対して接近中の他機に関する情報だけを送ること。この場合、どちら向きにどう回避するかは機上の判断となる。

どちらにも一長一短はありそうだが、接近中の他機に関する情報だけを送る方が現実的ではないかと考えられる。理由は二つある。

まず、UAVの中にはDRR搭載のガーディアンみたいに、すでに機上で回避のためのメカニズムを持っている機体があること。そうした機体は機上で回避判断ができるわけだから、そこに乗っかる方が合理的である。

もうひとつの理由は、保安上の観点。外部から回避の指令を送るということは、当該UAVを管制するGCSとは別に、GBSAAのシステムが機体の操縦に介入できるということである。それが衝突回避という"正しい目的"のものなら良いが、悪意の第三者がその仕組みを乗っ取ってしまったらどうなるか？　それに、GBSAAシステムがUAVに回避指令を送る仕掛けを、相手のUAVの機種ごとに別々に用意するわけにも行かない。

それなら、警告だけ送るようにして、回避行動は機上で判断させる方がマシではないか、と思える。

GBSAAシステムとGCSをつなぐ方法も

もしも機上にそんな仕掛けを積む余裕がなければ、次善の策としてGBSAAシステムとGCSを結ぶ回線を陸上に用意する。つまり、GCSについている操縦者に対して、口頭での警告、あるいはデータを送るという考え方だ。

実際、アメリカのSRCという会社が手掛けているGBSAAシステムでは、UAVを遠隔操縦するパイロットにデータを送る方法をとっている。使用するLSTAR[6]（V）2レーダーやLSTAR（V）3レーダーのレンジは、35〜40kmぐらいだという。レーダー機材一式の重量は500lb（227kg）なので、車両に載せて移動展開できる。SRC社が作成した説明用動画[7]を見ると、他機が接近してきたために発せられた警告

を受けてUAVが針路を変える様子を、レーダー・スコープ上で確認できるという触れ込みになっている。

　SRCのほか、レイセオン（現 RTX）でもGBSAAシステムを手掛けた。こちらはASR-11[8]（Airport Surveillance Radar Model-11）という空港用監視レーダーをベースにしており、STARS（Standard Terminal Automation Replacement System）というシステムが、状況を見て自動的に警告を出す仕掛け。

UAVの飛行安全

　空を飛ぶモノについては、「安全」が最重要の課題である。人が乗っていようが乗っていまいが関係なく、これは同じである。では、UAVの安全な運用に関わる話として、どんなことが挙げられるのか。

┃耐空要件にも標準化仕様がある

　飛行機の安全性という話になると、耐空性[9]（airworthiness）という言葉が出てくる。噛み砕くと、「安全に飛行できるために兼ね備えていなければならない要件を満たしているかどうか」という話である。

　その要件は耐空性認証機関が定めており、要件に適合しているかどうかを地上試験・飛行試験によって確認する。そして適合していると確認すると、型式証明[10]（TC：Type Certificate）という名の「お墨付き」が出る。

　同じ「飛びもの」だから、UAVといえども同様に耐空性に関する要件はある。NATOの場合、UAVの耐空性要件についてはSTANAG 4671[11]で規定している。同じ「安全に飛行できるための条件」が加盟国によって違っていたら面倒だから、標準化仕様を定めたわけだ。

　ただし軍用機が民間機と違うのは、民間機の立ち入りが禁じられた専用空域で飛ばす場合が多いこと。

　民間機はさまざまなメーカーのさまざまな機体が同じ空域に共存するから、皆が同じ基準に則っていないと具合が悪い。しかし、特定の空域を占有して、民間機と共存しない場所で飛ぶ軍用UAVだと、

※8：ASR-11レーダー
飛行場監視レーダーの一種。空港で航空機の動静を監視するために使用する。単に機体がいるかどうかだけでなく、二次レーダーで誰何することで便名などの情報も得られる。

※9：耐空性
航空機が飛行に十分な強度・構造・システムなどを持っているかどうか、という意味。

※10：型式証明
航空機の安全性を保証し、飛行を許可する証明書。取得するには試作機等を使用して厳しい試験をパスする必要がある。アメリカのFAA（連邦航空局）、ヨーロッパのEASA（欧州航空安全機関）の基準が国際的に通用している。

※11：STANAG 4671
UAVの耐空性要件、つまりUAVが安全に飛行できる機体であると認められるために必要な要件について規定している、NATOの文書。この文書で規定した要件を満たせるような機体を設計・製造して、かつ、認証を得ることで、「安全に飛べる」というお墨付きを得られることになる。

※12：敵味方識別装置
レーダーで探知した目標に対して電波で誰何して、正しい応答が返ってくるかどうかで敵と味方の区別をつける装置。

必ずしもそうとはいえなくなる。

　もちろん、安全な飛行ができない機体では困るから、安全に飛行するための要件は定めて、それに適合していることは確認する。ただし、その要件がNATOの標準化仕様であるべきかどうかは場合による、ということになる。

　そのため、NATO諸国で使用しているUAVがすべてSTANAG 4671に適合しているかというと、そういうわけでもないようだ。

　だからこそ、GA-ASIがイギリスから受注しているプレデターBの派生モデルには、わざわざCPB（Certified Predator B）、つまり「耐空性要件を満たして認証を得たプレデターB」という名前が付いている。ちなみに、このCPB、イギリス軍における公式名称は「プロテクターRG.1」。Rは偵察機、Gは攻撃機、1はMk.1（最初のモデル）を意味する。

　また、シーガーディアンもCPBと同様にSTANAG 4671に対応している。

　シーガーディアンは、TCAS、DRR、ADS-B、そして敵味方識別装置※12（IFF：Identification Friend or Foe）を備える。ADS-Bによって自機の位置・高度・針路・速力を周囲に触れて回るとともに、もしも接近する機体がいればTCASやDRRで検知して、規定通りの回避機動を取る。また、軍用レーダーによる捜索がなされていたときには、誰何されたら「私は味方機です」と知らせるため、IFFトランスポンダーを備える。

安全上の不安に対する答え

　こうした仕組みにより、仕様上、シーガーディアンは有人機との空域共有が可能だ。ただし、それはあくまでNATOの基準においてである。日本で飛行試験を行うのに、いきなり「NATOの基準を準用します」というわけにも行かないだろう。

　だから2020年10月に実施した実証飛行試験では、自衛隊の訓練空域を使わせてもらった。そこと八戸の間の行き来に際しては、事前に国土交通省の航空局と調整して、他機と干渉しない経路を確保した。使用した高度は、1,500〜20,000フィート（457〜6,096m）の範

八戸航空基地で海上保安庁が3機運用（うち1機は海上自衛隊と共用）しているシーガーディアン。2023年6月の時点で、アメリカにおいて民間機と同じ運用が可能な唯一の無人機である

JWings

囲内。ただし、津軽海峡付近を飛んだときには函館空港や千歳空港に離着陸する民航機との干渉を避けるため、高度の割り当てを変えた。

　では、飛行中にデータリンクが通信途絶したらどうするか。機体の側にはあらかじめ、通信途絶したら自動的に元の飛行場（今回の場合には八戸航空基地）まで戻ってくるようプログラムされている。そこでCバンド・データリンク※13の接続を試みる。それがうまくいけば、遠隔操縦で着陸させることができる。

　では、Cバンド・データリンクの接続ができなかったらどうするか。そのときには、自動的に周回飛行しながら燃料を消費した上で、洋上に不時着水するようプログラムされていた。

　さらに、衛星通信については常用するKuバンドのデータリンク※14に加えて、予備としてインマルサット衛星※15を使えるようになっている。そのための端末機とアンテナも機体に装備した。安全に関わることだから、念には念を入れたわけだ。

UAVの悪用を阻止する

　日本における「官邸ドローン事件」を引き合いに出すまでもなく、安価で誰でも購入できる無人の飛びものがいろいろ出回るようになったことで、UAVの悪用も懸念されるようになった。

キーワードは「C-UAS」

　そこで近年、軍事の業界ではC-UAS（Counter Unmanned Air-

※13：Cバンド・データリンク
Cバンドとはマイクロ波の一種で、周波数は4～8GHz。この周波数の電波を用いて、地上側の管制機材と機体の間でデータのやりとりを行い、UAVを遠隔操縦しながら安全に離着陸できる。電波の直進性が強いので、直接、お互いが見える範囲内でしか使えない。

※14：Kuバンド・データリンク
Kuバンドもまたマイクロ波の一種で、周波数は12～18GHz。この周波数の電波を用いて、地上側の管制機材と機体の間でデータのやりとりを行い、UAVを遠隔操縦したり、UAVが搭載するセンサーの情報を得たりする。衛星通信を用いて遠隔管制する際に使用する。

※15：インマルサット衛星
インマルサットとは、静止衛星を用いた通信サービスを提供している企業。1979年に発足した、国際海事衛星機構（INMARSAT）の事業を引き継いだことが名称の由来。この経緯から、主として海事分野向けに衛星電話やデータ通信のサービスを提供している。

craft System）がホット・ワードのひとつになっている。意味は読んで字のごとく、敵対勢力が使用するUASへの対処である。要するに「ドローン対策」だ。対策の対象は機体そのもの、つまりUAVだが、なぜか頭文字略語としてはUAS、つまりUAVを含むシステム全体を指しているところが妙だ。それはそれとして。

　たとえば、前述した空域共有の問題は、UAVを用いて有人機のトラフィックを邪魔する形の悪用につながる可能性がある。実際、「ドローンを飛ばした輩がいたせいで旅客機の飛行が妨げられた」といった類の事件があちこちで起きている。

　なにしろ、航空管制当局のコントロール下にない、誰かが勝手に飛ばしている小さな無人飛行物体が飛行場の周囲をウロウロしていたのでは、危なくて仕方がない。機体に衝突すると事故になるのはもちろん、ジェット・エンジンが吸い込んだら何億円もするエンジンがオシャカになり、機体の方も墜落の危険性がある。

　また、紛争地域では、空撮用の電動式マルチコプターに爆薬を積み込んで、「武器」として使用する事例も現れた。これをテロに利用する場面も懸念される。小型の電動式マルチコプターでは、搭載能力といってもタカが知れているが、だからといって「まったく脅威にならない」というわけではない。爆発物ではなく化学兵器を搭載すれば、厄介なことになる。

　しかも、小型のUAVなら安価だから、一度に大量に飛ばしても、懐はさほど痛まない。そうした事情もあり、「ドローンの群れによる攻撃（swarm attack）が危険だ、危険だ」と連呼する声が聞かれるようになってきている。

　そもそも、軍事作戦でUAVが多用されるようになったため、敵のUAVを排除したいというニーズは常にある。敵軍が偵察に使用しているUAVが自軍の頭上をウロウロしていたら、こちらの動向が敵対勢力に筒抜けになってしまうからだ。そういった事情もあり、C-UASという言葉がしきりに聞かれるようになってきた。

C-UASの手法：ソフトキル

　C-UASについては、二種類のアプローチがある。「無力化」と「破

壊」である。

　無力化（ソフトキル）とは、UAVの遠隔管制やデータ送信に使用している無線通信を妨害する手法。遠隔操縦によって飛行している場合、そこで使用する無線通信を妨害してしまえば、少なくともUAVは有効に機能できなくなる、という考え方になる。

　ただ、UAVによっては無線通信が使えなくなった場合でも、自律的に飛行する機能を備えている。たとえば、「無線リンクが切れたら、最初に発進した地点に自動的に戻る」といった具合。小さなUAVでもGPSの受信機は持っているから、それを使う。

　となると、無線通信を妨害するだけでは完全な無力化にはならない可能性があり、GPSないしはそれに類する衛星測位システムも、併せて妨害する必要がある。ただしそうなると、同じ周波数帯を使っている近隣の無線通信、あるいは測位システムまで巻き添えを食ってしまうリスクがある。

　また、そうした妨害電波を送信する仕掛けが、大がかりで車載式になってしまうと、数が限られてしまってカバー範囲が限られる。そこで、最前線の小規模部隊でも個人レベルで使用できるように、ライフルみたいな形をした個人携行用のジャマー（電波妨害装置）も開発された。これを飛来するUAVに指向して"撃つ"わけである。ただし、出るのは弾ではなくて妨害電波だ。

2016年にネバダ州内で、C-UASの実験が行われたときのひとこま。携行式の妨害装置で妨害電波を"撃つ"様子が分かる

C-UASの手法：ハードキル

　もうひとつのアプローチが破壊（ハードキル）。いうまでもなく、物理的に壊してしまえという意味だ。といっても、小型で安価なUAVを叩

※16：マルチコプター迎撃動画

https://youtu.be/lMyd1K
zhLfQ

き落とすのに、いちいち値の張る地対空ミサイルを使うのでは割に合わない。

そこで、機関砲やレーザーを使う話になっている。ただ、機関砲を使うとハズレ弾が付随的被害を引き起こす可能性があるので、レーザーの方が好ましい。それに、小さなマルチコプターぐらいなら、現時点で利用可能な低出力のレーザー兵器でも十分に役に立つ。

具体的な事例としては、MBDAドイッチュラントが2015年5月に実施したマルチコプター破壊実験がある。相手が小さなマルチコプターだから、弾道ミサイルを撃ち落とすような大出力は必要なく、出力10kWのレーザーを4基束ねて、総出力40kW・射程距離3kmとしたものを使用した。ただし試験では全力を出しておらず、出力20kWのレーザー・ビームを500m先にいるマルチコプターに照射して、3.39秒間の照射で破壊した。

その動画[※16]のタイトルが「Laser Effector」となっている。エフェクターといっても、楽器と組み合わせて使うあれではない。軍事の世界では、破壊の道具のことをエフェクターと呼ぶことがあるのだ。確かにひとつの「効果」ではある。

レーザーのいいところは、電源さえあれば連続使用ができて、弾切れの問題が起こらないこと。なお、UAVを探知・捕捉・追尾する手段としてはレーダーか電子光学センサーを使う。上のMBDAの試射では電子光学センサーを使ったようだ。

また、米陸軍もC-UAS用のレーザーを試している。

US Army

米陸軍が2022年6月に、アリゾナ州のユマ実験場に持ち込んだC-UAS用のレーザー、P-HEL。説明文には「小型UASを料理（cook）する高エネルギーレーザー」とあったが、生憎と、煮ても焼いても食べられる相手ではない

目には目を、UAVにはUAVを

小型で安価なUAVを撃ち落とすのに、値の張るミサイルを使うの

は不経済極まりない。だから機関砲やレーザーという話になるのだが、変わった取り組みをしている事例もある。それがRTX（旧社名レイセオン・テクノロジーズ）のC-UASシステム。

コヨーテUAVは、もともとアリゾナ州ツーソン所在のアドバンスト・セラミックス・リサーチという会社が、米海軍の研究部門ONR（Office of Naval Research.）からの契約を得て開発した。紆余曲折を経て、同社が2015年にレイセオン（現 RTX）に買収されたことで同社の製品に加わった。

コヨーテは、筒型の機体から主翼と尾翼を展開して、後部に取り付けたプロペラを推進力の源として飛行する。平和利用としては、米海洋大気庁（NOAA：National Oceanic and Atmospheric Administration）がハリケーン観測に用いている事例がある。

そのコヨーテを、ターゲットとなるUAVにぶつけてしまえという発想が出てきた。コヨーテは全長600mm、翼幅1,473mm、重量5.9kg。C-UAS用の機体では、そこに1.8kgの爆風破片弾頭[17]を組み込んだ。起爆すると破片を撒き散らすから、直撃できなくても破壊効果を期待できる。小型で安価な機体だから、使い捨てにしても、さほど懐は痛まない。

RTX製のコヨーテUAV。これを敵のUAVにぶつける

コヨーテ自体は光学センサーを内蔵しており、その映像を用いてターゲットを捕捉する。しかしRTXではさらに、目標探知・捕捉・追尾用のKuRFS（Ku-band Radio Frequency System）レーダーを組み合わせた。このレーダーはその名の通りにKuバンド（12〜18GHz）の電波を使用しており、周波数が高いから小型目標の高精度探知に向いている。これでターゲットを捕捉・追尾して、そこにコヨーテを差し向けることになる。

米陸軍は、このKuRFSレーダーとコヨーテUAVの組み合わせを、

※17：爆風破片弾頭
ミサイルが備える弾頭の一種。炸薬が爆発することで爆風を発生させるとともに、タングステンなどで造られた金属片を撒き散らして殺傷効果を発揮させる。

※18：LIDS
航空機の迎撃を企図した従来の防空システムでは対処が難しい、UAVのような小型・低速の飛行物体に対処する迎撃システムの計画名称。米陸軍の所掌。

※19：ドップラー効果
移動物体が発する音や電磁波、あるいは移動物体に当たって反射する音や電磁波の周波数が、移動速度に応じて変わること。その周波数変化をドップラー偏移という。

※20：閾値
「しきいち」と読む。境界となる数値のこと。変化する数値、あるいは範囲に幅がある数値群に対して、意味や条件の違いを判定するために設定する。

LIDS[18](Low, slow, small-unmanned aircraft Integrated Defeat System)の一環として調達・配備する計画を進めている。

UAVのレーダー探知が難しい理由

実は、低空を飛行する小型のUAVをレーダーで探知するのは、意外と難しい。なぜか。

探知目標の背後に山や建物がある状態でレーダーを使用すると、探知目標からの反射だけでなく、その向こう側にある山や建物からの反射波も受信してしまい、本物の探知目標がどれだか分からなくなる。そこで対空捜索レーダーの多くは、移動目標を拾い出すためにドップラー効果[19]を利用している。

静止している目標(この場合、地面や海面)からの反射波は、送信波と同じ周波数で返ってくる。しかし、移動している目標からの反射波はドップラー・シフトを生じるため、移動する向きに応じて周波数が上がったり下がったりする。ということは、受信した電波の中から周波数の変動(ドップラー・シフト)が生じている反射波だけを拾い出すことで、移動目標を抽出できる。これが基本的な考え方。

ところが、小型のUAVは飛行速度が遅いから、ドップラー効果に起因する周波数変化(ドップラー・シフト)が少ない。その、わずかなドップラー・シフトを検出しないと、UAVの精確な探知ができない。だからといって閾値[20]を下げて、誤探知の山になっても困る。

そのため、レーダー製品を手掛けるメーカーは近年、小型で低速の探知目標をどれだけ精確に探知できるかを競い合うようになってきた。そして、レーダーが受信した反射波の解析とはすなわち、シグナル解析を担当するソフトウェアの問題だから、これはまさに「軍事とIT」の領分である。

レーダーにAIと機械学習を応用する「ドローン・ドーム」

そこで、イスラエルのラファエル・アドバンスド・ディフェンス・システムズが開発した「ドローン・ドーム」では、人工知能(AI)と機械学習(ML)を応用している。

「ドローン・ドーム」は、レーダーで周辺空域を監視する。そして不審なUAVの接近を探知すると、電子光学センサーを指向して対象物を目視確認する。そして脅威になり得るUAVであると判断したら、妨害電波を発して強制着陸に追い込む。

ところが前述したように、小型で低速のUAVをレーダーで探知するのは難しい。背後にある建物や地形からの電波反射に紛れ込んでしまう可能性が高くなるからだ。そこでドローン・ドームでは、AIに解決策を見出した。

基本的な考え方は、受信した反射波の中からクラッター、つまり背景からの反射波に起因するノイズを取り除けば良い、というもの。しかし、どうやってクラッターをクラッターと認識して取り除くのか。

そこで登場するのがAIの活用。実際にレーダーをさまざまな場面で使用することで、どこからどんなクラッターが返ってくるかというデータが蓄積される。そのデータを学習して、クラッターの除去に活用するという理屈だそうだ。クラッターを除去すれば、本物のドローンからの反射波だけが残る。ドップラー・シフトの利用は「本物のドローンからの反射波だけを抽出する」という考え方だが、それとは真逆のアプローチである。

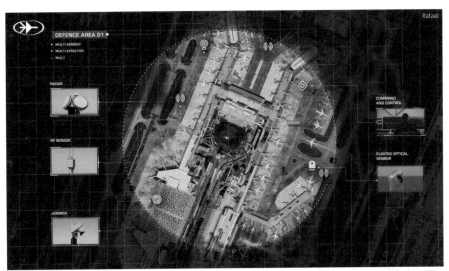

ラファエルのプロモーション動画から、空港を防衛するドローン・ドーム。レーダー、電波センサー、電子光学センサーを各所に配置し、観測データをAIが解析、妨害電波装置で対処する

※21：深層学習
ディープ・ラーニングといい、DLと略す。機械学習と並び、人工知能（AI）が機能するために必要となる学習を自動的に行う仕組み。機械学習では人間がデータの特徴を判断・指示するが、深層学習では機械が自らデータの特徴を判断する点が異なる。つまり、大量のデータを与えたときに、何も指示しなくても「○○について学習すればよいのだな」という判断がなされるのが深層学習。

すでに「ドローン・ドーム」はシンガポールのチャンギ空港などで導入している。この先、さらに導入事例が増えれば、レーダー探知に関するデータの蓄積も進む。結果として、クラッター除去の精度も上がると期待できる。AIと深層学習[21]の正統的な使い方といえる。

「ドローン・ドーム」で使用しているレーダーは既製品だ。これもイスラエル製で、RADAシステムズ製のMHR（Multi-Mission Hemispheric Radar）という。このレーダーは直径50cmの円形AESA（Active Electronically Scanned Array）レーダーで、3面で全周をカバーできる。電波の周波数帯はSバンドだ。AESAレーダーだから、アンテナが機械的に首を振るのではなく、平面アンテナから送信するビームの向きを電子的にコントロールする。すると、広い範囲を迅速に走査できる。

RADAシステムズでは、MHRの探知能力について「小型のUAVなら5km、中型UAVなら25kmの距離で探知可能」としている。また、ラファエルでは「ドローン・ドームは「0.002平方メートルのターゲットを3.5kmの距離で探知できる」といっている。

MHR自体は先にも書いたように汎用品だから、UAV探知専用というわけではない。施設警備や対砲兵レーダーとしての利用事例があるほか、レーザー兵器の目標探知用として採用した事例もある。米陸軍では、ストライカー装甲車を使用する自走防空システムの対空捜索用として、このMHRを採用した。

「ドローン・ドーム」が面白いのは、その汎用品のレーダーに自前のシグナル処理技術を組み合わせて、UAVの探知に長けた製品を作り出したところにある。

正体は映像で確認する

その「ドローン・ドーム」は、レーダーだけに頼るわけではなく、電子光学センサーも併用している。

レーダー探知とは、基本的には電波反射源となる「点」の有無を知ることである。レーダーから送信した電波を反射してくる誰かさんがいることは分かるが、それ以上のことは分からない。有人の軍用機では敵味方識別装置（IFF）を用いて誰何するが、UAVにはそんなも

のは載っていないことが少なくない。

　そこで、レーダーで探知した目標が何者なのかを知るために、電子光学センサーを併用する。これなら相手を「映像」として捉えられるから、機種や形態（マルチコプターか、固定翼機か、など）が分かるし、解像度が高い映像なら、危なそうなものを積んでいるかどうかも分かるかも知れない。解像度は落ちるが、赤外線センサーがあれば夜間でも映像を得られる。

UAVとスウォーム・アタック

　スウォームとは swarm、「群れ」「大群」といった意味である。前述した事情により、特に小型で低速のUAVは探知・捕捉・追尾が難しいターゲットだ。そんなターゲットが一度に大量に押し寄せてくれば、対処する側は飽和してしまい、迎え撃てなくなるのではないか。これは脅威ではないか。という話である。そこで、そうした「UAVによるスウォーム・アタックへの対処」も業界におけるホット・ワードのひとつになっている。

珍説「UAVの群れがあれば戦闘機は無力」

　世の中には面白いことをいう人がいるもので、「F-35なんて時代遅れ。飛行場の近くからドローンを大量に飛ばせば、それが機体にぶつかったりエンジンに吸い込まれたりするから無力だ」みたいなことを主張する人を見かけることがある。

　「ステルス戦闘機」より「ドローン」の方がトレンディな単語ではあるから、「最新技術に注目している、イケてる私」をアピールするだけなら、こういう珍説にも意味があるのかも知れない。しかし、実現可能性という観点からすると、どうだろう。

　身も蓋もないことを書けば、小型で低速のUAVは発進地点からそんな遠方まで進出できない。市販されている空撮用の電動式マルチコプターは、せいぜい数時間程度しか飛べず、その度に回収して充電しなければならない。

　しかも、小さいとはいえ、1機につき50cm×50cm×40cm程度のスペースは必要とする。それを数十機、あるいは数百機も用意すれば、どれだけのスペースを必要とすることになるのか。さらに前述した事情から、充電用の道具立ても必要になるのだ。

　それらを隠密裏に敵飛行場の近隣まで持ち込んで、かつ、見つからないように飛ばし続けられるものなのか。UAVが飛び立てば、目視、あるいはレーダーで見つかるから、発進地点は容易に突き止められる。しかも、多数のUAVと充電設備みたいな支援用の道具立てを持ち込んでいれば、相応に場所をとるし、目立つ。

　だから、軍の基地施設や飛行場などといった施設の周辺警備を徹底する方が、実は効果的ではないのか、という話になってしまうのだ。それはそれで手間と経費がかかる話ではあるけれども。

▌現実的な脅威場面を考えよう

　そういうわけで、「敵の戦闘機基地の近くからUAVでスウォーム・アタックをかければ最新のステルス戦闘機も無力」は話の飛躍が過ぎると考えられる。しかし、極端に極端を重ねたような論を展開するから破綻するのであって、もっと小規模かつ現実的な使い方であれば、脅威にはなり得る。

　たとえば、反政府ゲリラみたいな武装組織が、「個々の構成員に1台ずつ、爆薬を積んだ電動式マルチコプターを持たせて、敵と撃ち合っている現場の周囲から飛ばして突っ込ませる」といった使い方。ことに市街戦で、戦闘員と一般市民が入り乱れているようなややこしい場面になると、自爆用に改造したUAVを持ち込むのを発見・阻止するのは難しくなるのではないか。

　だから、スウォーム・アタック対策を何も考えなくてよい、とはいわ

アメリカ空軍研究所（AFRL）の動画から、スウォーム・アタックのイメージ。目標近くに駐車したトラックから無数の自爆型UAV（コウモリのような影）が次々に飛び立ち、群れで襲いかかる

ない。ただし、想定する状況は現実味があるものにしましょうよ、とは
いいたい。

UAV部門の人材確保

　どんな組織にでも、「主流となる部門」と「傍流となる部門」が出て
くる。しかし、傍流と思われがちな部門であっても、組織を動かすた
めには欠かせないものだ。すると、そうした部門において、どのように
人材を集めて、維持していくかという課題が生じる。

UAVは傍流扱いされがち

　この辺の事情は軍隊組織でも変わらない。飛行機を飛ばす軍隊
組織といえば、その中心は空軍だが、空軍の花形はやはり戦闘機で
ある。米中露の3ヶ国であれば、そこに爆撃機も加わる。そうした花形
部門はえてして、組織のトップを多く輩出することになり、それがまた
花形部門としての地歩を強化する。
　それと比べると、輸送、訓練、情報などといった分野は往々にして、
陽が当たらないことになりやすい。そうした部門は戦闘機や爆撃機
が任務を遂行する際に不可欠だが、そうした事実は往々にして無視
される。
　この辺の事情は、UAV担当部門も似たり寄ったりといえる。すると、
優秀な人材を集めて、維持するのが難しくなりやすい。「ここに配属
されたらどん詰まり」という意識が蔓延すれば、配属される要員の士
気は上がらないし、隙あらば他の部門に"脱出"しようとする者も出
てくるだろう。それではUAV部門が強い組織になりにくい。
　しかも、本人が使命感に燃えて熱心に任務に従事すると、それは
それでまた、違った種類の課題を引き起こすことがある。

武装UAVのオペレーターとメンタルヘルス

　第3部で取り上げたように、米軍の武装UAVでは、オペレーターと

※22：州兵
州軍ともいう。アメリカ軍の一
組織で、各州にあり、平時は
州知事の指揮下で治安維
持や災害救援などにあたる。
戦時には、アメリカ正規軍に
加わって作戦に参加する。

管制エレメントをアメリカ本国に置いておく「スプリット・オペレーション」が一般化している。

こうすることで戦地に派遣する人の数や機材の数がいくらか減るし、それは兵站支援の負担軽減にもつながる。それに、普段は地元で任務に就くのが基本である州兵※22の要員を使いやすい、との利点もある。実際、米空軍ではMQ-9に機種転換する州兵部隊が相次いでいる。

ところがこれにより、戦場の空気の中で任務に就くのではなく、「基地から一歩外に出れば平和な日常生活」という状況となった。それが、アメリカ本土からUAVを遠隔操作しているオペレーターの一般的な生活である。そのため、メンタルヘルス上の問題が生じてきた。「戦場」はハイビジョン画質での実況中継である。センサーの性能が良くなったせいで、ターゲットは明瞭に見える。そして、自分の発射指示で目標が吹っ飛ばされれば、その模様もハイビジョン画質で実況中継である。ときには、最前線で敵と撃ち合っている歩兵よりも明瞭に「敵」を認識することになる。

しかも戦地に派遣されている兵士と違い、任務に就く度に「自宅」と「戦場」の間を行き来することになるので、仕事場から一歩外に出れば平和な日常生活だ。戦地にいれば常に「戦場モード」だが、UAVオペレーターはそうではない。平和な自宅から出勤した先でだけ、高解像度の「戦場」に直面する。このギャップはかなりきついという。

さらに、有人機のパイロットからは「自らの身を危険にさらして任務に就いているわけでもないのに…」といわれて、処遇や叙勲の面でも不利な立場に立たされがちだという。

UAVならではのメリットを活かせないものか

こうした話ばかり書き並べていると、UAV部門がブラック職場みたいに思われてしまうかも知れない。しかし実際には、有人機では困難あるいは不可能な任務をUAVがやってのけた事例もいろいろある。それに、若年人口の減少などに起因する募集難に直面しているのは、どこの先進国の軍事組織も同じだ。そうした中で戦闘能力を維持

していくためには、無人化できるところは無人化していくという取り組みみは欠かせない。

　また、有人機に搭乗しようとすると年齢や体力の問題が邪魔をする場面がある。しかし地上に固定設置されたGCSの前で任務に就くUAVオペレーターは、そういう観点からすると有人機の搭乗員よりも制約が緩い。歳を食って戦闘機を降りた後でUAVに転科する、といったキャリアが定着すれば、人材の確保に役立つかも知れない。

USAF

2018年7月11日、クリーチ空軍基地のMQ-9リーパー・クルーに授与された「R」勲章。2016年に認可されたこの勲章は、UAVオペレーターやハッカーなど、危険に直接身を晒さずに敵を攻撃する兵士たちを対象とした初めての勲章となった

※23：ミサイル技術管理レジーム
高性能のミサイルを開発・製造するために必要な技術について、流出阻止のために輸出を規制している。大量破壊兵器の運搬が可能なミサイルの関連技術が、いわゆる「ならず者国家」やテロ組織などに拡散しないようにする目的で設けられた枠組み。

UAVと武器輸出規制の関係

　小型で安価なUAVが武器輸出規制の影響を受けることは、実質的にない。しかし場合によっては、武器輸出規制が影響することがある。

これはミサイルかUAVか

　第3部で自爆突入型UAVについて取り上げたときに、「これはUAVなのかミサイルなのか」という話を書いた。建前上の分類はともかく、「空から何かに突っ込んで破壊する」という本質は同じだ。

　しかし厄介なのは「ミサイルと同じ」ということになると、ミサイル関連の規制を受ける可能性が取り沙汰されること。主として問題になるのは、長射程ミサイルの拡散を制限しているミサイル技術管理レジーム[23]（MTCR：Missile Technology Control Regime）。

　米空軍のRQ-4グローバルホークは非武装だが、ミサイルの誘導

※24：中距離核戦力全廃条約
1987年にアメリカとソ連（当時）が締結した、中程度の射程を持つ核弾頭装備ミサイルの廃止を取り決めた条約。弾道ミサイルと巡航ミサイルの双方を対象としている。

に利用できるという理由で「MTCRガイドラインではもっともセンシティブな、カテゴリーIに分類されている」と報じられたことがある。アメリカで運用する分には、特に問題にならないが、RQ-4を韓国に輸出しようとしたときに、これが問題になった。

そのMTCRカテゴリーIでは、搭載能力500kg以上、かつ射程300km以上のロケット・システムやUAV、ロケットの各段、再突入機、ロケット推進装置、誘導装置等のサブシステムが対象に挙げられており、規制については「最大限の慎重さが求められる」「生産設備の輸出は不許可」としている。

カテゴリーIがあれば、それ以外もあるわけで、それがMTCRカテゴリーII。こちらは射程300km以上のロケット・システムやUAVと、そこで使用する可能性がある機器・技術（エンジン、加速度計、ジャイロスコープ、誘導装置など）が問題になる。

こちらの規制は、「大量破壊兵器の運搬に使用する意図があると輸出国政府が判断する場合には、特段の慎重な考慮が行われ、かかる輸出は不許可となる可能性が極めて大きい」としている。

INF条約とプレデター武装化問題

また、2000年頃に米空軍のRQ-1プレデターを武装化する話が出たときにも、「ミサイルと同様の規制を受けるのではないか」という意見が出た。このとき問題になったのは、中距離核戦力（INF：Inter-mediate-Range Nuclear Forces）全廃条約[24]。

本来はSS-20やパーシングIIみたいな中射程弾道ミサイル、それと地上発射型トマホークのような巡航ミサイルを対象としたものだ。ところが、その巡航ミサイルの定義が「飛行経路の大半に渡り、揚力を用いて飛行を維持する、無人の自動推進航空機」となっていたことが問題になった。

常識的に考えれば、この件に関する法的見地からの結論が出るまで、プレデターの武装化を実現するための作業は行えない。ところが知恵者がいて、「プレデターから主翼を取り外して、外した主翼にミサイル発射機を設置。それを胴体内のコンピュータと接続して、システムが正常に機能するかどうかをテストする」という手口を思いつい

主翼や尾翼、脚を取り外し、機首のセンサーも取り去ると、プレデターはこんな外見になる

USAF

た。主翼が外されていれば、その機体は飛行できないから、先に挙げた「巡航ミサイル」の定義には当てはまらないというわけだ。

　トンチのような話だが、こうして時間を無駄にしないで開発を実現できた。そして結局、「プレデターは弾頭を持たず、運搬するプラットフォームに過ぎないからミサイルにはあたらない」という理由で、同機の武装化は問題ないという結論になり、MQ-1プレデターが実現した。

武装だけが問題になるわけではない

　武器輸出規制というと、ついつい物理的な破壊の道具ばかり考えてしまうのは致し方ない。しかし実際には、センサーや通信機器も武器輸出規制の影響を受ける。

　たとえば、電子光学センサーの中には、性能が良すぎて対外輸出に制約が課せられている事例がある。こうした製品分野ではアメリカが強いが、先にも述べたように、アメリカにはITARという輸出制限の規定がある。また、通信技術、あるいは通信の内容を秘匿するために用いられる暗号化技術も、武器輸出管理の制限を受けることがある。

　だから、戦闘機や艦艇と違って「ハイテク兵器の輸出規制とは無縁」と思われがちなUAVでも、実際にはけっこうセンシティブなのだ。

USAF

第5部
陸上・海上の無人ヴィークル

ここまでは、何かと話題になる機会が多い上に活躍もしているから、
という理由でUAVの話を取り上げてきた。
しかし軍用無人ヴィークルという話になると、UAV以外のものにも出番が増えている。
そこで締めくくりとして、UAV以外の無人ヴィークルについて、簡単にまとめておこう。

※1：信号保安システム
鉄道では衝突事故を防ぐために、線路を複数の区間に区切り、個々の区間には1本の列車しか入らないようにしている。すでに別の列車がいる、進入してはいけない区間への進入を防ぐために信号を用いるが、それを人間の注意力だけに頼らず、強制的に守らせるのが保安システム。自動列車停止装置（ATS）や、自動列車制御装置（ATC）が典型的な保安システム。

陸や海に特有の事情

空の上では昔からオートパイロットがあり、そこに測位システムを組み合わせるシステムも登場して久しい。しかも標的機という形で無人機を飛ばす事例も多い。だから、UAVの登場と実用化に至る素地はあったといえる。

鉄道は自動運転に向いているが

他の分野に目を転じてみると、鉄道では無人運転の事例がたくさんある。我が国では、1970年の大阪万博で自動運転のモノレールが登場、さらに無人運転を行う新交通システムは1981年から営業運転を行っている。鉄道は軌道の上しか走れないし、しかも分岐器の切り替えという形で外部から進路を制御する。そして、信号保安システム※1が整備されていて衝突が起こりにくい。こうした事情から、鉄道は無人運転に向いた形といえる。

Koji Inoue

東京・お台場でおなじみの「ゆりかもめ」は、無人運転を行う新交通システムのひとつ。写真でも、運転士が乗務していない様子が見て取れる。

それと比較すると、道路上での無人運転・自動運転はハードルが高い。自動車はドライバーが進路や速度を制御する仕組みだし、道路の状況は千差万別、しかも周囲のクルマとの位置関係が問題になる。騒がれて、喧伝されている割に、自動車の自動運転がなかなか実用的なものにならないのは、それだけ実現のために超えなければならないハードルが高く、多いからだ。

では、海の上はどうか。実は船舶の分野にもオートパイロットはあり、外洋で指示された針路を保ちながら自動航行する仕掛けは実用化されている。しかし、混み合った海域あるいは出入港という話にな

ると、周囲の行合船※2との位置関係を適切に保ち、業界で定められている衝突回避ルールを守りながら航行しなければならず、それだけハードルは高くなる。

それに、空の上なら三次元の回避機動を行えるが、海の上では二次元の回避機動しかできない。

爆弾処理ロボットという名のUGV

陸上で使用する無人ヴィークルのことを、軍事分野ではUGVと呼ぶ。そのUGVが多用されるようになった分野が、爆発物処理だった。人間が対象物のところまで行って作業を行うのはとても危険だから、という理由が大きい。

IEDという厄介な脅威

不発弾処理であれば、起爆装置、すなわち信管を外すことで対処できるし、時間をかけられる。地雷だと、ひとつひとつ探し出して無力化するか、時間がなければ爆薬を展開して吹っ飛ばすか、あるいはローラーで踏んづけて起爆させてしまうか、という話になる。

ところが、2003年のイラク戦争あたりから多用されるようになった即製爆弾、いわゆるIED (Improvised Explosive Device) は始末が悪い。これは爆弾や砲弾を改造してリモコン起爆装置を追加するものだが、そのリモコンも専用のものをわざわざ作らずに、携帯電話を改造するようなことをする。イラク国内の武装勢力が、イラク軍の在庫品流出などの手段で手に入れた爆弾、あるいは砲弾に手製の起爆装置を取り付けて、米軍相手の攻撃手段にした。

その場で手に入るモノを使って、アドリブ的に作るものだから、形態はさまざま。それを地中に埋めたり、ゴミの山の中に隠したり、自動車の中に隠したり、建物の壁に埋め込んだりする。

そこで考え出された対策のひとつが、JCREW※3 (Joint Counter RCIED Electronic Warfare) みたいなジャマーによる無線通信の妨害。ただし、妨害装置と起爆装置の周波数がうまくマッチしないと

※2：行合船
艦船が洋上を航行する際に遭遇する、近隣を行き交うフネのこと。行合船の動向に注意していないと衝突事故が起きる。

※3：JCREW
米軍が開発・配備している、即製仕掛け爆弾（IED）妨害装置。IEDには、携帯電話などを改造して無線で遠隔起爆させる装置を備えるものが多いため、その起爆指令を送る電波を妨害すれば起爆できなくなる、との考え方。

いけないし、必ず妨害できるかどうか分からない。

　そこで物理的な無力化手段として登場したのが、マニピュレータ・アームを取り付けた遠隔操作式のロボットだった。なにしろ、IEDの中には戦車を吹っ飛ばせるぐらいの威力を持ったものまである。そんな物騒な代物の目の前まで行って無力化作業をするのは危険だし、作業中に撃たれる危険性もある。そんな仕事は無人化したい。

▌MTRSと形態管理の悪夢

　その後、IEDは中東をはじめとする各地の紛争地帯に広まり、アメリカだけでなくNATO諸国も、IED対策（C-IED：Counter IED）の技術開発や装備調達に血道を上げる事態になった。なにしろ、イラクにおける米軍の死傷者のうち、原因のトップがIEDだというのだから、放置してはおけない。

　米陸軍は、IED処分用ロボットをMTRS（Man Transportable Robotic System）という計画名称の下で調達した。担当メーカーの双璧となったのが、iRobot(その後の事業分割により、エンデバー・ロボティクスを経て、現在はFLIRシステムズ) 製の「パックボット」(Packbot)と、フォスター・ミラー(その後の買収により、現在はキネティック・ノースアメリカ)の「タロン」(TALON)だった。このほか、カーネギーメロン大学 (CMU) と米海兵隊が共同開発した「ドラゴン・ランナー」もあるが、これも現在はキネティック・ノースアメリカの製品となっている。

　いずれも、電動式の履帯で動く車体にカメラ付きのマニピュレータ・アームを組み合わせた構成。オペレーターは、そのカメラから送られてくる映像を見ながら、マニピュレータ・アームを遠隔操作して、手作業と同じ要領で爆発物を無力化する。もし起爆してしまっても、（十分な離隔をとっていれば）吹っ飛ばされるのはロボットだけで済む。もちろん、この手のロボットは遠隔操作式で、自律的に動くわけではない。

　兵士が爆発物の近くまで行かなくても済むので、人命の損耗を減らす効果はあったのだが、別のところでひとつ問題が発生した。IED対策が急務だったために、「手に入るものをとにかく買って配備しろ」

Koji Inoue

Koji Inoue

❶2019年のアヴァロン・エアショーで、会場をウロウロしていたタロン　❷こちらはアメリカ海兵隊ミラマー航空基地のエアショーで見かけた、iRobot製パックボット。日本では見かけたことがなかったので大喜びしたが、これを見て喜ぶとはかなり怪しい

※4：MRAP
「エムラップ」と読む。即製仕掛け爆弾（IED）の脅威がイラクやアフガニスタンで顕在化したときに、足元で爆弾が起爆しても耐えられるように強固に造った車両が大量投入された。それがMRAP。

ということになり、さまざまな製品が入り乱れる結果になってしまったのだ。

　さて。どこかで聞いたような話である、と思った方は鋭い。同じようにIED対策として導入された重装甲の装輪車両、MRAP[※4]（Mine-Resistant, Ambush-Protected、エムラップ）と同じ類の話である。MRAPも「手に入るものをとにかく買って配備しろ」ということになり、さまざまなメーカーの製品が入り乱れて、トータルで1万数千両も配備された。可能な限り、発注状況を追ってデータをとっていたのだが、途中で訳が分からなくなってしまい、正確な配備数はよく分からないまま終わってしまった苦い経験がある。

　そんなことになれば兵站支援の苦労が増えるのは間違いない。メーカーが違えば構造が変わり、スペアパーツの互換性はない。同一製品で揃えているのと比較すると、異なる複数機種でそれぞれ個別にスペアパーツを揃える方が、費用がかかり、管理が面倒になるのは明白だ。

　会社で使用しているパーソナルコンピュータが、部署ごと、あるいは個人ごとに違うメーカーの違う製品で、オペレーティング・システムもバラバラだったら、IT管理者の悪夢である。それと同じことだ。

CRS-I計画の登場

　そこで米陸軍では、EOD（爆発物処理）用遠隔操作ロボットの機種統一・標準化を企図して、新たなプログラムを立ち上げた。それがCRS-I（Common Robotic System-Individual）である。CRS（I）と書くこともあるようだ。計画名称にCommonという単語が含まれてい

ることでお分かりの通り、CRS-I計画では、EOD向け遠隔操作式ロボットの共通化、標準化という旗印を掲げた。

まず、2018年3月末に、エンデバー・ロボティックスとキネティック・ノースアメリカの2社に対してEMD（Engineering and Manufacturing Development、技術製造開発）フェーズの契約を、総額4億2,908万ドルで発注した。それぞれ、試験・評価用の供試体を2両、CRS-I本体を7システム、量産仕様を8両、それぞれ製作・納入するという内容だった。

このうちエンデバー・ロボティックスは「スコーピオン」という新型ロボットを開発、2018年の初夏から年末にかけて、何回かお披露目を実施した。重量11kg、バックパックに入れて1名で携行可能。履帯駆動式。

しかし、CRS-Iの契約を獲ったのはキネティック・ノースアメリカの方で、2019年3月末に同社の勝利が決定。7年間・1億6,400万ドルの契約を獲得した。このうち、低率初期生産(LRIP：Low Rate Initial Production）の分が2,000万ドル、期間は1〜2年間で、その後にフル量産に移行する計画とされた。

手榴弾の模擬弾を掴んで箱に入れようとしているキネティック・ノースアメリカ製CRS-I。もちろん遠隔操作によって行っている。重量は15kg足らずで、中型のバックパックで運搬できる

US Army

なお、CRS-Iといって区別するからには別のCRSもあるのか、という話になりそうだが、その通り。もっと大型の遠隔操作式ロボット導入計画として、CRS-H (Common Robotic Systems - Heavy) がある。こちらは2018年5月にRfP（提案要求）を発出しており、その後、キネティック・ノースアメリカがフェーズ2分の契約を獲得した。

ただ、近年では非政府主体を相手にする不正規戦よりも、国家の正規軍同士がぶつかり合う形態に回帰する傾向が強まっている。そのため、「不正規戦の産物」であるC-IEDに対する熱が、以前よりも冷めてきた傾向があるように見受けられる。

荷物運搬用UGVと武装UGV

　旅行に行くときに、つい心配になって「あれも必要ではないか、これも必要ではないか」といって荷物が膨らみ、重くなってしまうのはよくある話。ただ、旅行だと「いざとなったら現地調達すればよい」と開き直って持ち物を減らす手があるが、戦場に赴く兵士だと、そうも行かない。

歩兵の持ち物は多い

　朝霞駐屯地にある陸上自衛隊広報センターに行くと、「装具装着体験コーナー」があって、そこで背嚢を背負ってみる経験ができる。これが重いのである。

　もともと、着るもの、食べるもの、そして武器弾薬と荷物が多いのに、近年になって「ハイテク化」が進んだおかげで、さらに荷物が増えた。コンピュータ機器に通信機器、暗視装置、そしてそれらを作動させるためのバッテリ。

　いまや、歩兵が持ち歩く荷物の重量は40〜50kgに達しているといわれる（もちろん、任務様態によって違いはあるだろうけれど）。機関銃の担当なら、機関銃は自動小銃よりも重い上に、弾の数が一挙に増える。これが、迫撃砲や対戦車ミサイルの担当だと、いったいどうなることか。

　いくら身体を鍛えていても、重い荷物を背負って歩いて、戦闘任務に入る前に疲弊してしまったのでは具合が良くない。そんな事情もあり、歩兵の負荷軽減は各国で厄介な課題になっている。そこでアメリカ陸軍では考えた。「自分で背負って歩く代わりに、荷物運びが随伴すれば良いのではないか？」

　といっても、生身の人間を随伴させるのでは人手が余分に必要になる。しかも、歩兵に随伴すれば最前線まで出て行くことになるが、そこに荷物運び専門の素人を送り込むことはできない。そこで考え出されたのが荷物輸送用UGVだった。

四足歩行ロボット

日本でもよく知られている、ボストン・ダイナミクスという会社がある。ここが2010年にDARPAから3,200万ドルの契約を得て開発に乗り出したのが、荷物運び専門の四足歩行ロボット「LS3」(Legged Squad Support System)。その名の通り、分隊(squad)レベルで配備するもので、足が生えていて自力で歩く。これに荷物を背負わせて、歩兵に随伴させればいいというわけだ。搭載量は最大400ポンド(約182kg)というから、4〜5人分の荷物を引き受けられそうだ。

なぜ四足歩行にしたのか。それは「車両が入れないような地形のところでも入り込めるように」という理由。歩兵の荷物を歩兵の代わりに運ぶのだから、歩兵が行けるところならどこでもついて行けないと具合が悪い。そして実際に、四本の足で歩くLS3が出来上がり、デモンストレーションも行われた。最初に屋外で走行(いや歩行か)のテストを実施したのは、2012年2月のこと。ちなみに航続性能は24時間・20マイル(約32km)だという。

❶ボストン・ダイナミクスが開発したLS3。荷物を背負っている様子が分かる ❷こちらは、DSEI JAPANの会場に持ち込まれた、ゴースト・ロボティクス製「ヴィジョン60」

ただ、この四足歩行ロボットの計画は沙汰止みになってしまった。「騒音が大きすぎる」という理由だ。確かに、四本足をガチャコンガチャコン動かすのだから、あまり静かにはなりそうにない。隠密裏に敵に忍び寄らなければならない場面で、随伴してきた荷物運びが騒音を出すのでは、お話にならない。技術的なチャレンジとしては面白いのだが。

そういえば、2023年3月に幕張メッセで開催されたDSEI展示会でも、日本の企業が四足歩行ロボットを持ち込んで動かしていたが、これもそれなりに賑やかだった。

六輪駆動の無人車両

一方、ロッキード・マーティンが開発して2010年にデモンストレーションを実施したのが、6×6の無人車両SMSS (Squad Mission Support System)。こちらも名前の通り、分隊レベルでの運用を想定しているが、搭載量はLS3の3倍・1,200ポンド (545kg) もある。全長3.6m、全幅1.8m、全高2.1m、自重1,724kg。

US Army

ロッキード・マーティン社が試作した、6輪駆動の無人車両「SMSS」。荷物運び、監視、モバイルバッテリーなどの機能が試験された

こちらは試作車をアフガニスタンに持ち込んで、現場で評価試験を実施したことがある。また、イギリス軍が評価試験を実施したこともある。

SMSSで面白いのは「移動充電器」としての機能を持たせるテストが行われたところ。PPE(Portable Power Excursion)と題し、充電用の「走る電源車」を務めた。兵士が予備バッテリをいくつも持ち歩く負担を減らしたかったのだろうか。また、荷物運びだけでなく、衛星通信経由で遠隔操作できるようにして「無人監視プラットフォーム」に仕立てる実験を行ったこともある。

SMSSには笑い話(?)がある。SMSSの搭載量は1,200ポンド(540kg)なのに、現場で4,000ポンド分の土嚢を積んで傾斜30度の急斜面を登らせたことがあり、それを聞いたメーカーが「二度とやらないで」と止めたのだそうだ。(スキーやスノボの経験者ならお分かりの通り、30度といえば相当な急斜面である)

このSMSSと同種の「荷物運び用の無人車両」としては、ノースロップ・グラマン社のCaMEL(Carry-all Modular Equipment Land-rover、キャメル)もあった。

また、オーストラリアでも同種の車両が登場した。それが、演習「タ

リスマン・セイバー2019」に持ち込まれたMAPS（Mission Adaptable Platform System）。全長2.33m、全幅1.86m、全高0.98m、重量950kgというから、SMSSと似たサイズだ。電動式で最高速度は8km/h、搭載量は500kg、航続時間6時間だという。

無人荷物運びの意外な課題

個人的には、この手の無人荷物運びについて回る課題として、ナビゲーションがあると考えている。といっても、測位・航法の話ではなくて、「誰について行くか」という話。

歩兵分隊に随伴して荷物を運ぶのだから、随伴すべき兵士を間違えたら洒落にならない。間違って、無関係の民間人や敵兵について行ってしまったら、もっと洒落にならない。すると、兵士の側で識別用のデバイスを何か持って歩く必要があるのではないだろうか。常に車両の方を見ているわけではないのだから、顔認識というわけにも行かないのだ。

それだけが理由というわけでもないだろうし、分隊単位で配備するとなれば数が多くなるから、コストも問題になる。そして車両の数が増えれば、それを整備する手間も問題になる。そうした理由によるのか、目下のところ、この手の装備を大々的に実戦配備するには至っていない。しかし、課題はあっても実験してみることには価値がある。

UGVを武装化した事例

空の上でUAVの武装化事例が広まっている事情については前述したが、地上でも、遠隔操作式UGVを武装化する構想が現れた。

実用になったUGVの用途というと、爆発物処理以外では、センサーを搭載した国境監視用の無人車両がある。長大かつ人気の少ない国境線沿いを走り回り、監視するわけだ。ただし空の上と異なり、国境監視用車両はあくまで監視専用。「見つけたその場で交戦したい」というニーズはあまりないのか、交戦規則との関係なのか。

ただ、UGVを武装化する事例がないわけではない。生身の人間を送り込むには危険な場面で、代わりに撃ち合ってはくれまいか」と

6×6の「MULE」。上に荷物を満載しているが、その代わりに武装化させようとの案が出て、頓挫した

※5：インホイール・モーター
車両の車体内に駆動用のモーターを設置して、そこからプロペラシャフトで車輪を回すのではなく、車輪の内部にモーターを組み込んで直接駆動するのがインホイール・モーター。構造はシンプルになるし全輪駆動も実現しやすいが、足回りが重くなりやすい欠点はある。

いうところだろうか。

　米陸軍は、降車歩兵に随伴する無人の荷物運び車両、MULE（Multifunction Utility/Logistics Equipment Vehicle、ミュール）の開発に取り組んだことがある。全長10ft（約3m）、重量7,000lb（約3,180kg）の6×6車両で、ディーゼル発電機で起こした電力を使い、インホイール・モーター※5を使って走る。そのMULEに遠隔操作式の砲塔を載せようとしたのが、ARV-A（L）。これはArmed Robotic Vehicle-Assault（Light）、つまり「強襲用武装ロボット車両（軽量版）という意味になる。しかしこの計画、2011年7月に中止が決まって頓挫した。

　無人兵器システム全般にいえることだが、最初から大風呂敷を広げるとうまくいかない。小さく作って、実績を積み上げるとともに運用現場からのフィードバックを得て、段階的、漸進的に発展させたものの方が大成する。また、既存の装備体系に対する慣れや執着が少ない軍種、組織、あるいは国の方が、思い切って無人システムに乗り出していける傾向がある。

　そして出てきたダークホースが、THeMIS（Tracked Hybrid Modular Infantry System、テミス）。メーカーはMilremといい、エストニアのメーカーである。これは履帯で動くUGVだが、爆発物処理用のそれとは違い、全長2.4m、全幅2m、全高1.11m、自重1,450kgもある。ディーゼル発電機で電気を起こして、モーターで走る。

　THeMISは "Infantry System" という名前の通りに歩兵部隊向けで、モジュラー型の設計になっている。荷物を積むモジュールの代わりに武装モジュールを用意すれば、武装UGVに化ける。搭載量は750kgで、メーカーでは1,000kgまで増やせるといっている。

※6：マン・イン・ザ・ループ
武器システムの分野では、目標の捜索～発見～識別～意思決定～交戦～結果確認という流れに人間を介在させて、機械が勝手に戦わないようにする仕組みを指す。

　そして、武装化したTHeMISが初めて現れたのは2016年のこと。同年11月1～7日にかけてエストニア国内の演習場で、実射試験を実施した。搭載した武器は12.7mm機関銃で、シンガポールのSTエンジニアリングが開発した遠隔操作式砲塔「アダー」に取り付けた状態で、THeMISに搭載した。「アダー」には、いろいろなモデルがあるが、いちばん重くても単体重量350kg、いちばん軽いモデルなら50kgを切るから、THeMISに載せるのに支障はなさそう。

　この遠隔操作式砲塔はセンサーも備えているから、センサー映像を見ながら狙いをつけて旋回・照準・発射を指示するという構想になる。

遠隔操作式砲塔モジュール「アダー」を搭載した無人車両「THeMIS」。THeMIS本体は履帯を履いたタンクの部分で、各種のモジュールを載せ替えられる

武装UGVにも課題がある

　実は、武装UGVには武器の搭載や作動とは別の課題がある。交戦する際には、ターゲットだけでなく、全体状況も見ていなければならない。そして「敵がいた」となったら、もっとも脅威度が高いもの、真っ先にやっつけなければならないものから交戦しなければならない。その戦闘指揮をどうするか。

　UGVに自律的に判断させるのでは、正しい判断、正しい優先順位付けができるかどうか分からないし、例の「コンピュータに勝手に戦争を始められては困る」問題もある。

　しかし近距離の交戦なら、後方の安全な（?）ところに観測担当の歩兵を置いて、そこで全体状況を見ることができる。そして敵を見つけたら、遠隔指令で機関銃を指向して発砲する。これなら人間が状況認識と意思決定を受け持つ、“マン・イン・ザ・ループ”※6であ

る。たぶん、陸戦でUGVを用いる場面では、それほど遠方まで進出させることにはならないだろうから、これで十分だろうか?

※7：IMDEX Asia
シンガポールで隔年開催されている、海軍分野の武器展示会。

USVで港湾警備

そこで海の上に目を転じてみよう。こちらでも、警備・監視用途で無人ヴィークルを持ち込んでいる事例がある。

イスラエル製USV「プロテクター」

2017年5月にシンガポールで行われた、海軍関連の武器展示会「IMDEX Asia[※7]」を訪れたとき、「できれば見たい」と思っていたもののひとつが、ラファエル・アドバンスト・ディフェンス・システムズのUSV「プロテクター」だった。シンガポール海軍が、これを導入しているのは知っていたからだ。

ラファエル・アドバンスト・ディフェンス・システムズといっても馴染みが薄いかも知れないが、イスラエルにおける防衛関連大手のひとつである。同じイスラエルのエルビット・システムズやIAIは、UAVに強い。それに対してラファエルは、同じ飛びものでもUAVではなく、ミサイルに強い。

そんなラファエルが送り出したUSVがプロテクター。といっても、船体から新規に開発したわけではない。そもそもラファエルの本業は造船ではない。

船体・機関は既存のRHIB（Rigid Hull Inflatable Boat、リブ）を利用している。RHIBとは、中央部の船体下部は硬質素材（たぶん樹脂製）で、高速航行に向いたV型断面、そして、その周囲を中空ゴム製の浮力体で囲んだ構造の小型艇。ゴムボートと違って、空気を抜いたり畳んだりして小さくまとめることはできないが、ゴムボートよりも高速航行に向いている。また、周囲をゴムの浮力体で囲んでいるので予備浮力は大きく、それが接舷時の防舷材にもなる利点がある。それでいて、普通の小型艇よりも軽くできている。

そのRHIBを手動で操縦する代わりに、測位システムを組み合わ

※8：フォース・プロテクション
味方の戦力が敵対勢力にやられないようにする目的で講じる防護措置の総称。警戒警備だけでなく、襲撃されたときの交戦まで含む。

※9：チャンギ海軍基地
シンガポールの東部、チャンギ空港の南方にある海軍基地。

せた上でコンピュータ制御で操縦できるようにして、さらにレーダーや電子光学センサー、遠隔操作式の機関砲塔を載せたのがプロテクター。後に、スパイク対戦車ミサイルを載せたモデルも作られた。ベースになるRHIBの違いから、全長9mのモデルと全長11mのモデルがある。さすがにこれで本格的な海戦を戦おうという考えはないし、そもそもモノが小さいから荒れた外洋で走り回るには無理がある。

だから、プロテクターの主な用途はフォース・プロテクション[8]（戦力防護）や洋上警備となる。つまり、停泊している艦艇の周囲を周回しながら警戒に従事したり、港の内部を走り回りながら警戒に従事したりといった用途である。

チャンギ基地でプロテクターと御対面

「IMDEX Asia」の売りのひとつが「Warships Display」。つまり、チャンギ海軍基地[9]における実艦展示だ。そして2017年に「IMDEX Asia」を訪問したとき、チャンギ基地にも行ってみた。そしたら、隅の方にちゃんとプロテクターが繋留されていたので、大喜びした次第。

というわけで、首尾良くチャンギ海軍基地でお目にかかったプロテクターの現物がこれである。これを見て大喜びしていた怪しい訪問者は、筆者ぐらいのものであったかも知れない。

無人水上艇「プロテクター」。左が初期型で、右が改良型、改良型の方が大きくなっているが、基本的なレイアウトは似ている

本来、RHIBの船体上部は開けた構造になっているが、そこはすべて蓋をしてしまい、その上に小さな上部構造物を設置している。これは、レーダーや通信のためのアンテナと、電子光学/赤外線センサーを搭載するための場所。レーダーは日本の古野電気製で、民生品をそのまま使っている。衝突回避の航海用レーダーなら民生品

でも差し障りはないし、その方が安い。メンテナンスにも困らない。

　電子光学センサーは旋回・俯仰が可能な球形ターレットになっていて、写真の状態ではセンサーを保護するために裏返しにしてある。独立したターレットだから、艇の進行方向と関係なく、好きな向きに指向できる。電子光学センサーはラファエルが得意とする製品分野のひとつで、同社製のTopLiteを使用している。ただ、この手の小型艇が航走すると揺れるから、光学センサーにはなにがしかの安定化機能が欲しいのではないか。

　その構造物の前方に、遠隔操作式の機関銃塔を設置してある。実は、この遠隔操作式の機関銃塔もラファエルが得意とする製品分野のひとつで、同社製のミニ・タイフーンを使用している。ただし写真を見ると、初期型（9m型）と改良型（11m型）で、異なる遠隔操作式銃塔を使用しているのが分かる。

　このプロテクターをどう使用するか。シンガポール海軍における主な用途は港湾警備のようで、事前に設定したコース、あるいはオペレーターが指示した場所を走らせながら、レーダーや電子光学センサーを作動させて監視を行う。得られたデータは、陸上にいるオペレーターのところにリアルタイムで送る。

　そして、何か不審な人やモノや船などを発見したら、そこに艇を差し向ける。プロテクターは機関銃を積んでいるから、警告射撃も、ちょっとした交戦もできる。また、上部構造物にラウドスピーカーが付いているから、音声で警告することもできる。もしも単独で対処できなければ、現場の位置や状況に適した有人プラットフォーム（戦闘機とかヘリコプターとか水上艦とか）を差し向けることになるのだろう。

　現実問題として、巡回監視は時間がかかる一方で、実際に何かに遭遇する場面は少ない。そういうところは無人プラットフォームに任せて、具体的な対処や交戦が必要な場面になったらオペレーターによる遠隔操作、あるいは有人プラットフォームが出てくる。典型的な無人ヴィークルの活用法といえる。

　シンガポール軍は人的資源に余裕がある方ではないから、少ない人数で効率的に任務をこなすために、無人ヴィークルの活用に熱心である。それにプロテクターは最高速度50ktと足が速いから、見た目以上に機動力がある。

※10：戦略能力室
米国防総省が2012年に設置した組織。軍事力の優位を維持するために必要とされる能力を実現するために、求められる能力の洗い出しや開発計画の差配を行う。

米海軍のUSV「ゴースト・フリート」

　米国防総省の戦略能力室※10（SCO：Strategic Capabilities Office）と米海軍が2018年に、「ゴースト・フリート・オーバーロード」というUSV開発計画を立ち上げた。既存の民間向け船舶を改造して、2019年に「レンジャー」「ノーマッド」という2隻の試験船を用意して実験を進めている。

■ 自律航行させて各種試験に充てる

　いずれも全長は59mで、このサイズゆえに大形USV（LUSV：Large USV）に分類される。この2隻を用いて、自律システムに関する試験と、武装化に関する試験を進めている。

　自律システムに関する試験とは自律航行のことだ。目的地を設定した上で、測位を行いながら自律的に航路を選択して、その通りに航行する必要がある。その際に課題になるのは、適切な航路を選択することと、他の行合船との衝突・近接を回避すること。

US Navy

「ゴースト・フリート」のLUSV実験船。船名は明らかでないが、「レンジャー」か「ノーマッド」のいずれかなのは間違いない

　2020年9月18日に「レンジャー」がメキシコ湾岸のアラバマ州モービルを出港、パナマ運河から太平洋に出て、11月5日にカリフォルニア州のポート・ヒューニーメに到着した。その際の航行距離は4,700nm（8,704km）で、97％が自律航行だったとされる。翌2021年に、今度は「ノーマッド」が、メキシコ湾岸からカリフォルニア州サンディエゴ近くのポイント・ロマまで、4,421nm（8,188km）の航海を実施した。そのうち98％を自律的に実施したというが、さすがにパナマ運

河だけは有人での航行となった。

　成績良好との判断があったのか、さらに2隻を増勢して、先進自律技術、民生品のセンサー、衛星通信、レーダー、通信機器の試験に充てるとしている。

▎艦対空ミサイルの実射試験も

　武装に関する試験の一例として、2020年の末に行われたRIM-174 SM-6艦対空ミサイルの実射試験がある。「レンジャー」の後甲板に4セルのミサイル発射機を仮設して、外部からデータと発射指令を送って発射した。

「レンジャー」も「ノーマッド」も、民間の洋上支援船をベースにしており、船尾側は広い露天甲板になっている。そこにコンテナを積んでもいいし、ソナー機材を積んでもいいだろうし、ミサイル発射機を積んでもいい。自らレーダーや射撃指揮システムを持つことになればおカネがかかるが、外部から指令を受けるだけなら安上がりにできる。

　そして無人だから、よしんば沈められても戦死者は出ない。ひょっとすると、ミサイルを積んだLUSVを敵地に近い海域に突っ込ませて、艦対空ミサイルや巡航ミサイルを撃つという使い方を考えているのかも知れない。

対機雷戦の無人化

　実は、USVの活用事例としては、港湾警備よりも対機雷戦※11（MCM：Mine Countermeasures）の分野が熱い。時間がかかる上に危険度が高く、しかも不可欠という厄介な任務だ。

▎掃海艇と機雷処分具

　対機雷戦の分野では昔から、遠隔操作式の機雷処分具が多用されている。要するにROVで、母艦との間をケーブルでつないで、遠隔操縦を受ける形で動く。

※12：処分爆雷
機雷のそばで爆発して、機雷を処分する爆雷。

※13：磁気機雷
船艇が帯びた磁気に感応して起爆する機雷。

※14：音響機雷
船艇が出すスクリュー音などに感応して起爆する機雷。

※15：水圧機雷
船艇が近くを航行した際の水圧の変化に感応して起爆する機雷。

※16：AUV
自律型潜水艇。UUVのうち、遠隔操縦に頼らず、自律的に航行する能力を備えたものを特に区別する名称。

米海軍で使用しているAN/SLQ-48機雷処分具。ケーブルで母艇とつないで遠隔操作するので、自律行動するわけではない

対機雷戦で無人ヴィークルを使用する場合、「捜索担当」と「無力化担当」が分かれる場合がある。ひとつのヴィークルで何でもできるようにするよりも、「餅は餅屋」で分業体制にする方が合理的、ということであろう。

上の写真の機雷処分具は、基本的には「無力化担当」で、機雷をつなぎ止めているケーブルを切断したり、機雷のところに処分爆雷[12]を仕掛けたりする場面で使う。機雷の捜索は、掃海艇が備えるソナーの仕事だ。掃海艇が対象海面を走り回りながら、ソナーで海中あるいは海底の機雷を捜索して、探知したら位置を記録する。

幸い、機雷はいったん敷設したら動かないから、見つけられたことを知ってどこかに逃げ出すことはない。見つけたら、後から腰を据えて処分すればよい。作戦上、急いで無力化しないといけない場面はあるだろうが。

機雷捜索は時間がかかる上に危ない

ところが、捜索を担当する掃海艇は、対象海域を端から端までなめて回らなければならない。時間がかかる上に、その過程で機雷が起爆すれば被害が出る懸念がある。掃海艇は磁気機雷[13]に反応しないように、木製あるいは樹脂製の船体を使うのが普通だが、磁気機雷だけでなく音響機雷[14]や水圧機雷[15]もある。ときには遠隔起爆式もあり得る。実は機雷の捜索も危険な任務だ。

すると、そういう危険で時間がかかる辛気臭い任務こそUUV向きではないか、という話になる。それも、遠隔操作式より自律航行が可能なAUV[16]の方が向いている、との話になる。

そこで、AUVに海底の物体を探知するためのソナーを搭載して、捜索すべき海域を指定した上で送り出す形が広まってきた。AUVは自動的に、指定された海域を端から端まで、ちょうど床を雑巾掛けして回るように行ったり来たりしながら、ソナーで海底の模様を捜索して、得られたデータを保存する。

近年、機雷捜索ではこの手の魚雷型UUVを使う事例が増えている。これはノルウェーのコングスベルクが製造している「HUGIN」。これ以外ではハイドロイド製「REMUS」が著名で、海上自衛隊でも使用している

　AUVが戻ってきたら、そのデータを吸い出して検討する。そして「ここに機雷らしきものがある」ということになったら、そこに処分具を送り込むわけだ。

▎機雷処分具も使い捨て式に

　古くからある機雷処分具は、胴体の下面に処分爆雷という名の爆発物を積み込んでいて、それをターゲットとなる機雷のところに投下する。処分爆雷には時限信管を組み込んでおいて、処分具が十分に離れたところまで撤退したら起爆する。

　しかしこの方法だと、爆発の巻き添えになったり、何かにケーブルをひっかけて身動きがとれなくなったり、などなどの事情により、高価で貴重な処分具を喪失するリスクは皆無ではない。

　そんな事情によるのか、最近は一回こっきり・使い捨ての自爆型機雷処分具が登場している。有名なのはドイツのアトラス・エレクトロニクが開発したシーフォックスだが、他にもBAEシステムズ製のアーチャーフィッシュや、旧三井E＆S造船製の自走式機雷処分用弾薬（EMD：Expendable Mine Disposal System）がある。たいてい、ケーブルで母艦と接続する遠隔操縦式で、映像でターゲットを確認した上で起爆させて機雷を吹き飛ばす。

※17：合成開口ソナー
アクティブ・ソナーの一種だが、ソナー自体を動かしながら動作させて、その動きを利用することで、精細な映像を得られるように工夫したソナーのこと。海底に鎮座する機雷を見つけるような場面で不可欠。考え方は、レーダーの分野における合成開口レーダー（SAR）と似ている。

※18：掃討と掃海
機雷の起爆装置を騙して起爆させてしまうのが掃海で、音響や磁気を発する装置を引っ張って走り回る。それに対して、機雷をひとつひとつ見つけ出して破壊処分するのが掃討。最近の機雷は頭が良くなって簡単に騙されてくれないので、掃討が主流になった。

UUVとITの関わり

　UUVやROVを活用する対機雷戦では、さまざまなところでITが関わってくる。

　まず、水中航法。ソナーが何かを探知しても、その場所が精確に分からなければ処分のしようがない。しかも海中を走るものだから、衛星からの電波を受信するGPSは使えない。慣性航法装置（INS）みたいな、外部のデータに依存しない方法でなければならない。

　次に、ソナーのデータ処理。海底に転がっている岩やゴミと本物の機雷を正確に区別するには、ソナー映像の処理技術がモノをいう。この分野ではAIの活用に期待できるだろう。

　また、海底の精細なソナー映像を得るために、合成開口ソナー※17（SAS：Synthetic Aperture Sonar）を使用するシステムも出てきている。すると、これは音響データのコンピュータ処理が必須という代物である。

　そして、こういった作戦の一切合切をコントロールする管制システム、情報処理システムも必要である。どこの海域で何をやり、そこで何が見つかったのか、見つけた機雷らしきもののうち処分したのはどれか、といったデータをきちんと管理しないといけない。

　アメリカ海軍では、こうした任務を遂行するためのシステムとして、AN/DVS-1 COBRA（Coastal Battlefield Reconnaissance and Analysis）を開発、2017年10月に運用可能なステータスを達成した。COBRAは「海岸の戦場における偵察・分析」という意味の頭文字略語で、機雷やその他の障害物を探知・分析する機能を提供する。

実は掃海の無人化もある

　ここまで述べてきたのは、機雷をひとつずつ見つけ出しては無力化する、掃討※18（minehunting）の話だった。では、昔ながらの掃海※18（minesweeping）は、もう廃れてしまったのか。

　実はそういうわけでもなくて、アメリカ海軍ではテクストロン社が製作した掃海用USV、UISS（Unmanned Influence Sweep System）を導入した。これは、テクストロン製の汎用型USV・CUSV（Common

US Navy

沿海域戦闘艦(LCS)
「インディペンデンス」
の艦尾から海面に降
ろされる掃海用水上艇
「UISS」

Unmanned Surface Vessel)に、掃海用の機材を積み込んだもの。

　こちらは水上を走るから、航法にはGPSを使える。そして、本物の
フネが発するものと似た音響、あるいは磁気シグネチャを出すデバイ
スを海中に降ろして曳航する。それで機雷が騙されて起爆してくれ
ればOKというわけだ。

親亀子亀方式

　つまり、対機雷戦の分野ではUSVもUUVも活用するが、小型で
足が遅く、航続距離が短いUUVを遠方まで送り出すのは時間がか
かる。そのためか、USVにUUVを積み込んでターゲットの近くまで
進出させて、そこでUUVを降ろすという「親亀子亀方式」の事例が
現れた。

　ベルギーとオランダが共同で新形掃海艦の建造計画を進めてい
るが、これは大型な上に鋼製で、機雷が敷設されていると思われる
海域に自ら突入することはハナから考えていない。代わりに各種の
無人ヴィークルを多用することになっていて、その陣容は以下のよう
になっている。

●インスペクター125(以下のシステムを搭載するUSV)
●A18-M(UMISAS合成開口ソナーを搭載するUUV)
●T18-M曳航ソナー
●SEASCAN(機雷識別担当UUV)
●K-STER(機雷掃討担当UUV)
●掃海具
　インスペクター125は救難艇から派生したUSVで、その辺の考え

■掃海用水上艇「インスペクター125」。船上後部には対潜用の装備を積んでいる。■はそのひとつ、機雷識別用UUVの「SEASCAN Mk2」

方はRHIBを無人化したプロテクターと似ている。それが、A18-M、T18-M、SEASCAN、K-STERを発進させるための母船となる。掃海に用いる派生型としてインスペクター125-Sもあり、こちらは掃海具を曳航して走り回る。

　このほか、UMSスケルダー製の無人ヘリコプター、スケルダーV-200を搭載する。これはレーザー・スキャナーを用いて海中を捜索する際に使用するのではないだろうか。緑色レーザーを使用すれば、ある程度の深度まで、海中の物体を探知できる。

USVによる潜水艦捜索

　海軍の戦闘場面のうち、無人化があまり進んでいなかったのが、対潜戦（ASW：Anti Submarine Warfare）である。しかし最近では、この分野でも無人ヴィークルを持ち込む動きがポツポツと出てきている。

対潜戦の基本的な流れ

　海中に潜む潜水艦はレーダーによる探知ができないので、基本的には音響を用いる探知手段、すなわちソナーに頼っている。

　そのソナーには、自ら音波を出す「アクティブ・ソナー」と、聞き耳を立てるだけの「パッシブ・ソナー」がある。前者は「捜索している誰かさんがいる」ということが敵潜にも分かってしまうが、後者は聞き耳を立てているだけだから分からない。しかし、前者なら距離と方位の両方が分かるのに対して、後者は方位しか分からない。

ソナーで探知あるいは聴知しただけでは、まだ交戦はできない。敵潜の正体を識別したり、針路や速力を掴んだりといったプロセスも必要になる。その上でようやく、交戦の手段を決めて、魚雷や爆雷などを撃ち込むことができる。

この一連のプロセスのうち、無人化・自動化できそうな分野は何か。それは主として、ソナーの展開と、それを用いた捜索であろう。特に、パッシブ・ソナーによる監視は継続的に行わなければならないので、長時間に及ぶ。

ひとつの方法として、「出口で見張る」手がある。敵潜が出撃する際に必ず通航しなければならない海域があれば、そこの海底にパッシブ・ソナーを仕掛けて監視するわけだ。有名なのは、G-I-UKギャップ、すなわちグリーンランド〜アイスランド〜イギリスを結ぶラインで、これは冷戦期に、ソ連海軍北洋艦隊に所属する潜水艦が大西洋に進出するのを阻止するための線として重視されていた。その「チョーク・ポイント」と呼ばれる海域の海底に、固定式のパッシブ・ソナーを設置する。いわゆるSOSUS[19]（Sound Surveillance System）である。有用性は高いが、不動産だから柔軟な対応が難しい。

それなら、監視用のパッシブ・ソナーが動けばいいという話になる。そこで、米海軍なら海洋監視艦[20]、海上自衛隊なら音響測定艦[20]という艦がある。これらの艦は、SURTASS（Surveillance Towed Array Sonar System）という大がかりなパッシブ・ソナーを曳航しながら、敵潜がいそうな海域を行ったり来たりしている。敵潜の動向監視や情報収集が狙いだ。しかし、フネに人を乗せて長期航海させなければならないのだから、それなりにコストはかかる。

米海軍の海洋監視艦「エイブル」。後方にソナーを展開・曳航するための仕掛けが載っている様子が分かる

※19：SOSUS
米海軍が、ソ連海軍の潜水艦が外洋に出るために通らなければならない海域の海底に設置した、高性能パッシブ・ソナー装置のこと。敵潜が出てくるぞ、と警報を発するバリアとして機能する。

※20：海洋監視艦・音響測定艦
アメリカでは海洋監視艦、日本では音響測定艦と呼ばれる。高性能のパッシブ・ソナー（要するに水中マイク）を引っ張って低速で航行しながら、潜水艦が発する音響を聴知して、データを集める艦。SOSUSは固定式だが、こちらは必要に応じて移動できる強みがある。

※21：MDUSV
ソナーを用いて潜水艦を捜索するために、長時間の自律航行が可能なUSVを開発しようとしている計画の名称。"Medium" の語が名称に入れられたのは、他の大小さまざまなUSV計画との関係によるものか。

対潜USV「シーハンター」

そこでDARPAが試作して、後に米海軍に移管したのが、MDUSV[※21]（Medium Displacement Unmanned Surface Vehicle）こと「シー・ハンター」。全長130フィート（39.6m）の三胴船で、レイセオン（現 RTX）製のMS3（Modular Scalable Sonar System）という中周波ソナーを搭載する。

対潜用水上艇「シー・ハンター」。左右にアウトリガーを取り付けて三胴船にしたのは、安定性を確保するためだろうか

当初、計画名称をACTUV（Anti-Submarine Warfare Continuous Trail Unmanned Vessel）といっていた。2017年12月にレイドスが、2隻目の「シー・ハンターII」を3,549万ドルで受注したところからすると、見込みはあるとの判断があったようだ。

MDUSVの狙いは、敵対的環境下で人命を危険にさらさずに、常続的なソナー監視と潜水艦の捜索を実現すること。人が乗っていなければ、疲れたり眠くなったりトイレに行きたくなったりしない。すると、指示された通りの航路を行き来しつつソナーを作動させて、「潜水艦はいないか〜」と捜索し続けるには好都合だ。なにか探知したら、データは直ちに衛星通信経由で送る。

ただし当然ながら、他の行合船と接触・衝突する危険性は存在するから、自動的に回避行動をとれるようにする必要がある。実は、MDUSVの開発における要点がそこだった。肝心のソナーの話よりも、それを載せるプラットフォームの方が課題になったわけだ。

もっとコンパクトなところで、イスラエルも似たようなことをやっている。エルビット・システムズ製のヘリコプター搭載用吊下ソナー・HELRAS（Helicopter Long-Range Active Sonar）を、同じエルビット・システムズ製の「シーガル」というUSVに載せて走り回らせよう

というもの。シーガルは全長が12m足らずの小型艇だから、そんな重装備にはできない。その代わり、安価だし、小さいから目立たない。運用に際しての基本的な考え方は「シー・ハンター」と同じで、あくまで捜索専用である。

　ただ、そこで「自律的に航行・回避ができる無人艇から作ってしまおう」とするアメリカと、既存の小型無人艇でとりあえず使えるものを作ってしまおうとするイスラエルの、アプローチの違いは興味深いものがある。

ソノブイ散布UAV

「シー・ハンター」にしろ「シーガル」にしろ、使用するのはアクティブ・ソナーである。それに対して、ソノブイ[22]散布を無人化しようという構想もある。

　まだ実用事例には至っていないが、ソノブイ・ランチャーを搭載したUAVが展示会に姿を見せた事例はいくつかある。UAVは自律的に測位してプログラムされた通りの経路を飛行できるから、パターン通りにソノブイを展開するぐらいのことはできる。

　その一例が、ベルのティルトローター型UAV「V-247ヴィジラント」。これのペイロード・ベイにソノブイ・ランチャーを組み込んだ状態の模型が、実は「国際航空宇宙展2018」（JA2018）に登場した。実大模型ではなくスケールモデルなのでピンとこなかったが、実はV-247という機体、機内搭載ペイロードが2,000lb（907kg）もある。だから、タイプAソノブイ（全長910mm、直径123mm、重量11〜14kg程度）のランチャーぐらいは組み込める。

※22：ソノブイ
ブイとは浮標のことだが、ソノブイとは海面にプカプカ浮いて、海中にソナーを降ろして作動させるもののこと。標識として機能するわけではないので、浮標というと正確ではなくなる。自ら音波を発する探信ソノブイや受聴専用のパッシブ・ソノブイ、それぞれについて音波の有無だけが分かる無指向性ソノブイと方位まで分かる指向性ソノブイという分類ができる。アクティブとパッシブの別、指向性と無指向性の別で、都合4種類が存在することになる。

国際航空宇宙展JA2018に登場した、ベル社のV-247ヴィジラントのスケールモデル。脇腹にソノブイ・ランチャーがある

※23：シュノーケル
潜水艦が浮上せずに艦内の換気をしたりディーゼル・エンジンを作動させたりする目的で海面に突き出す吸気筒のこと。小さな吸気筒だけが海面に突き出すので見つかりにくくはなるが、艦が動けば航跡を曳くし、今のレーダーは小型目標でも探知できるので、敵機や敵艦がいないことを確認しなければ使用できない。

また、2023年3月に開催されたDSEI展示会では、GA-ASIが、シーガーディアンの翼下にソノブイ・ランチャーを取り付けた状態の模型をさりげなく展示していた。

主翼下に4基のソノブイ・シューターをぶら下げたシーガーディアンの模型

　P-8Aポセイドン哨戒機のソノブイ・ランチャーを担当しているL3ハリス・テクノロジーズは、MLT（Modular Launch Tube）というソノブイ発射筒を開発した。空気圧でソノブイを射出するもので、たとえばこれを9基束ねてUAVの翼下に搭載できるようにする。一般的なタイプAのソノブイに対応しているが、もっと小型のタイプFやタイプGなら、搭載数を増やすことができる。

　といっても、あくまでUAVの話であり、大型の有人哨戒機と比べるとソノブイ搭載数は少ない。すると長時間の哨戒には難があるので、機数を増やして補う考えのようだ。

▌難しいのは目標の識別

　あくまで私見だが、ASWのプロセス「全体を」無人化・自動化するのは難しいと思う。

　ASWで難しいのは、実は「識別」である。原子力潜水艦はいうに及ばず、通常動力潜でも海中に潜りっぱなしで、海面上に出てくるのはせいぜい潜望鏡とシュノーケル※23だけということが多いので、艦の外見で識別するわけにはいかない。

　「でも、音紋というものがあるんだから識別できるでしょ？」という意見は出てきそうだ。機関などが発する音には艦のクラスごとに差異があるし、同じクラスでも個々の艦ごとに微妙な違いがあるという。その違いが分かっていれば、確かに、パッシブ・ソナーが聴知した音響

データに基づく個艦識別はできそうに思える。

　経験を積んだソナー員であれば、実際にそういう形での識別を実現しているだろう。しかしそれは、ソナー員の頭の中に、音響データの蓄積ができているからである。

　パッシブ・ソナーが聴知した音響データは、生の音を聴くだけでなく、ウォーターフォール・ディスプレイの形で表示する見せ方もある。ウォーターフォール・ディスプレイは時間の経過に従って、聴知した音を示すトーン・ラインが上から下に向けて動いていく形の表示形態だ（それが名前の由来）。

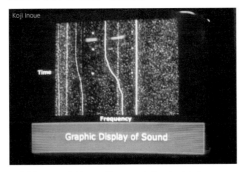

ウォーターフォール・ディスプレイの例

　横軸は周波数で、線がどの辺に表示されているかによって、高い周波数の音が出ているのか、低い周波数の音が出ているのかが分かる。その音源周波数の分布がどうなっているかが、識別のための材料になる。

　ということは、「どのクラスの潜水艦なら周波数分布はこうなる」というデータを揃えて、実際に聴知した音響データの周波数分布と比較することになる。それがどこまでマッチできるかが問題になる。

　だからこそ、ASWに力を入れている国はおしなべて、仮想敵国の潜水艦が発する音響に関するデータをかき集めて、蓄積・解析する地道な作業を続けている。もちろん、日本もそのひとつだ。「そうやって集めたデータを深層学習で解析してAIで識別させれば…」という声があがるだろうなあ、という想像はできるし、そういう使い道を実際に研究している人がいても驚かない。

　ただ、経験を積んだソナー員と同レベルの識別能力、同レベルの信頼性を備えたシステムを実現するには、かなりの時間を要するのではないだろうか。深層学習とかAIとかいってみても、そこに食わせ

※24：水測状況
海中での音波の伝搬は、大気中での電波の伝搬と異なり、一様ではない。海水の温度や塩分濃度によって伝搬速度が変わったり、温度の急激な変化によって音波が反射されたりする。そうした、海中での音波の伝搬に関わる状況の総称。

るデータの質が悪ければ有用性は下がる。質の高いデータを集めることができても、それを具体的な解析・識別のロジックにつなげるという次なる課題もある。

当節、何でも「AIでやりました」といえば話題になる傾向があるが、ややこしい話が多いASWという分野ではどうだろう。ひょっとすると、ASWにおけるAIは、ソナー探知よりも先に、水温や塩分濃度などによって変動する水測状況※24の予察に使われるかも知れない。

アクティブ探知における識別という問題

それでも、音紋とかと周波数ごとのトーン・ラインの違いとかいう話が出てくるパッシブ・ソナーは、識別という観点についていえば、まだしも有利だといえるかも知れない。

これが、自ら音波を発するアクティブ・ソナーだと事情が異なる。乱暴なことをいえば、ソナーが得るのは反響音と、それの方位・距離だけ。聴知する反響音は自身が出した音だから、これは識別の役に立たない。

空中では、レーダー電波の反射波を対象としてあれこれ解析することで探知目標の種類を識別する手法があるというが、アクティブ・ソナーではどうだろうか。しかも海中での音響伝搬は、空中での電波伝搬と比べると、複雑さの度合において上を行く。

問題はそれだけではない。もし、うまい具合に仮想敵国の潜水艦に行き会ったとしても、アクティブ・ソナーで音波を浴びせれば、相手は当然ながらそれに気付いてしまうので、具合が悪い。それと知られずにデータを盗らなければならない。

まさか、アメリカ海軍のASW担当者がロシア海軍や中国海軍の潜水艦部隊に電話をかけて「もしもし、反響音のデータが欲しいんで、ちょっと潜水艦出してくれる?」と頼むわけにも行かないのだ。

面倒なところは無人化、意思決定は人間が

そういうわけで、アクティブ・ソナーにしろパッシブ・ソナーにしろ、潜水艦の探知に成功したとしても、識別まで自動的に、無人ヴィー

クルの中で完結させるのは難しいのではないか。どうしても、人間の経験や知恵やカンに依存する部分は残ってしまう。

　無人ヴィークル上でできるのはデータの解析やフィルタリングぐらいで、最後は衛星通信でデータを送り、人手による解析・判断・意思決定に委ねなければならないのではないだろうか。

　それにはもちろん、「コンピュータに勝手に戦争を始めさせるわけにはいかない」という事情もある。土壇場の、識別して交戦の可否を判断するところは人間がやらなければならないのだ。

　しかし現実問題としては、その意思決定の前の段階、つまりパッシブ・ソナーによる聴知やアクティブ・ソナーによる探信といった捜索手段により、状況認識のためのデータを集める作業の方が、はるかに時間も手間もかかる。その部分だけでも省力化できるのであれば、無人ヴィークルを持ち込むことのメリットは大きい。

　だから、ASWのうち捜索とデータ収集に関わる部分は、意外と早く無人化が進むのではないか。ただし、それを受け持つプラットフォームが敵国または仮想敵国に拿捕されたらどうするの？　という課題は解決しなければならないが。

索引

※1│本索引は、本文、注釈、及び図表に使用されている用語を対象として作成しています。
※2│数字は、その用語の出ているページです。
※3│「→」がある場合は、矢印が示す言葉で索引を引いてください。

無人兵器
わかりやすい防衛テクノロジー

2023年9月25日　初版発行

●著者	井上孝司
●カバー絵	竹野陽香（Art Studio 陽香）
●装丁・本文デザイン	橋岡俊平（WINFANWORKS）
●編集	ミリタリー企画編集部
●発行人	山手章弘
●発行所	イカロス出版株式会社 〒101-0051 東京都千代田区神田神保町1-105 https://www.ikaros.jp/ 出版営業部 sales@ikaros.co.jp FAX 03-6837-4671 編集部 mil_k@ikaros.co.jp FAX 03-6837-4674
●印刷・製本	日経印刷株式会社

©IKAROS Publications Ltd.
Printed in Japan

- ●本書はマイナビニュースTech+連載『軍事とIT』から、「UAV」「UGV」「USV」「UUV」というテーマで関連記事をピックアップし、大幅に加筆・修正してまとめたものです。

- ●QRコードやURLで示したリンク先は、2023年9月初旬現在のものです。

- ●万一、落丁・乱丁の場合はお取り替えいたします。
　本書の収録内容の無断転載・複製・データ化を禁じます。